高校入試
数学の基礎を
やさしくまとめる
ノート

中学1・2年の  総復習

東京書籍

みなさんは高校入試の対策をどのように進めていますか？
実は高校入試の**約7割は中学1・2年で学習した内容から出題**されています。
つまり，**中学1・2年の内容をしっかり理解する**ことが**合格への近道**なのです。
この教材は，その第一歩として，**中学1・2年の内容の基礎基本をノート形式で**
まとめながら，しっかりと身につけていくことをねらいとして編集されています。
効率的な高校入試対策を行うためにお役立てください。

この本の特色

 中学1・2年の内容を整理ノート形式でまとめています。

- ただ読むだけでなく，**重要事項を書きこむ**形式になっていますので，まるで自分で作った**ノートのような感覚**で分かりやすくまとめられます。

その2 **重要なところがひと目で分かるように見やすい構成になっています。**

- 書きこみや**赤文字**，**太文字**で，どこが重要なのかがよく分かるようになっています。
- **暗記用フィルター**を使って，**確認・学習できる**ようになっています。

その3 **練習問題「いまの実力を確認しよう」で理解度を確かめられます。**

- 入試問題を参考に，**基礎基本を理解していれば解ける問題**で構成しています。

 まちがえたところは，整理ノートの部分でもう一度確かめるようにしよう。

数学では…

- **用語チェック**と**要点チェック**では，入試問題を解くために必ず知っていなければならない重要な用語と要点を〔　　〕に書きこんで**まとめることができる**ようになっています。
- **確認問題**，**基本問題**，**いまの実力を確認しよう**では，計算や解き方の途中の□に**数や式**を書きこんでいくと，簡単に**答えを求められる**ようになっています。

目次

数と式
- ❶ 正負の数 …………………………………………… 4
  - いまの実力を確認しよう …………………………… 8
- ❷ 文字と式 …………………………………………… 10
  - いまの実力を確認しよう …………………………… 14
- ❸ 式の計算 …………………………………………… 16
  - いまの実力を確認しよう …………………………… 20

方程式
- ❹ 1次方程式 ………………………………………… 22
  - いまの実力を確認しよう …………………………… 26
- ❺ 連立方程式 ………………………………………… 28
  - いまの実力を確認しよう …………………………… 32

関数
- ❻ 比例と反比例，1次関数 ………………………… 34
  - いまの実力を確認しよう …………………………… 40

図形
- ❼ 平面図形，作図 …………………………………… 42
  - いまの実力を確認しよう …………………………… 46
- ❽ 空間図形，表面積と体積 ………………………… 48
  - いまの実力を確認しよう …………………………… 52
- ❾ 平行線と角，合同な図形 ………………………… 54
  - いまの実力を確認しよう …………………………… 58
- ❿ 三角形の性質 ……………………………………… 60
  - いまの実力を確認しよう …………………………… 64
- ⓫ 平行四辺形の性質 ………………………………… 66
  - いまの実力を確認しよう …………………………… 70

資料の活用
- ⓬ 資料の活用，確率 ………………………………… 72
  - いまの実力を確認しよう …………………………… 78

- ● 覚えておきたい公式 ………………………………… 80

1 正負の数

用語チェック

- 0より大きい数を〔①　　　〕といい、0より小さい数を〔②　　　〕という。
- 正の整数を〔③　　　〕ともいう。
- 数直線上で、0に対応している点を〔④　　　〕といい、ある数に対応する点と原点との距離を、その数の〔⑤　　　〕という。
- 同じ数をいくつかかけたものを、その数の〔⑥　　　〕といい、右かたに小さく書いた数を〔⑦　　　〕という。

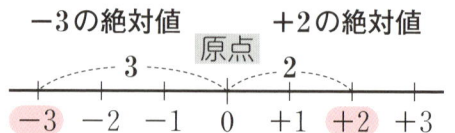

正の数：$+1,\ +\dfrac{3}{2},\ +3.5,\ \cdots$

負の数：$-1,\ -2.7,\ -\dfrac{13}{4},\ \cdots$

自然数：$1,\ 2,\ 3,\ 4,\ 5,\ \cdots$

累乗
$4\times 4 = 4^2$ ← 指数
$(-2)\times(-2)\times(-2) = (-2)^3$

要点チェック

1 正負の数の加法・減法

- 同符号の加法

  絶対値の和に〔⑧　　　〕の符号をつける。

- 異符号の加法

  絶対値の差に、絶対値の〔⑨　　　〕ほうの符号をつける。

- 減法

  ひく数の〔⑩　　　〕を変えて加法になおす。

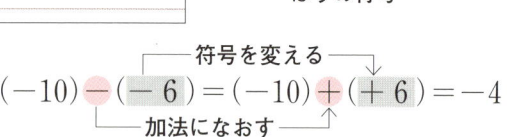

2 正負の数の乗法・除法

- 同符号の乗法・除法

  絶対値の積(商)に〔⑪　　　〕の符号をつける。

- 異符号の乗法・除法

  絶対値の積(商)に〔⑫　　　〕の符号をつける。

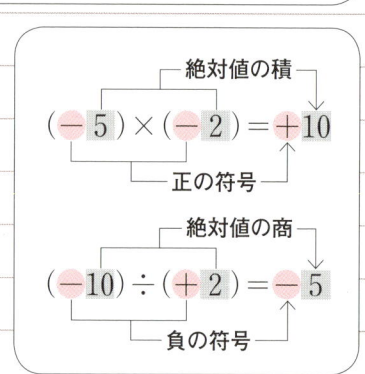

・乗法と除法の混じった計算

〔⑬　　　〕だけの式になおして計算することができる。

$$16 \times (-2) \div \left(-\frac{8}{7}\right) = 16 \times (-2) \times \left(-\frac{7}{8}\right) = +\left(16 \times 2 \times \frac{7}{8}\right) = 28$$

乗法になおす ／ 負の数が2個

3 四則の混じった計算

・加減と乗除の混じった計算では，〔⑭　　　〕を先に計算する。

$$9 + 8 \times (-2) = 9 + (-16) = -7$$

・累乗のある計算では，〔⑮　　　〕を先に計算する。

$$18 \div 3^2 - 4 = 18 \div 9 - 4 = 2 - 4 = -2$$

・かっこのある計算では，〔⑯　　　〕の中を先に計算する。

$$60 \div (-5 + 2) = 60 \div (-3) = -20$$

確認問題

❶ 絶対値が7である数は，+7と⑰□

❷ $(+7) + (-9) = $ ⑱□ $(9-7) = $ ⑲□

❸ $(-12) - (+5) = (-12) + ($ ⑳□ $) = $ ㉑□

❹ $(-9) \times (+6) = $ ㉒□ $(9 \times 6) = $ ㉓□

❺ $(-18) \div (-6) = $ ㉔□ $(18 \div 6) = $ ㉕□

❻ $15 + 5 \times (-2) = 15 + ($ ㉖□ $) = $ ㉗□

❼ $(18-2) \div (-2)^3 = 16 \div ($ ㉘□ $) = $ ㉙□

解答
①正の数　②負の数　③自然数　④原点　⑤絶対値　⑥累乗　⑦指数
⑧共通　⑨大きい　⑩符号　⑪正　⑫負　⑬乗法　⑭乗除
⑮累乗　⑯かっこ　⑰−7　⑱−　⑲−2　⑳−5　㉑−17
㉒−　㉓−54　㉔+　㉕3　㉖−10　㉗5　㉘−8　㉙−2

基本問題

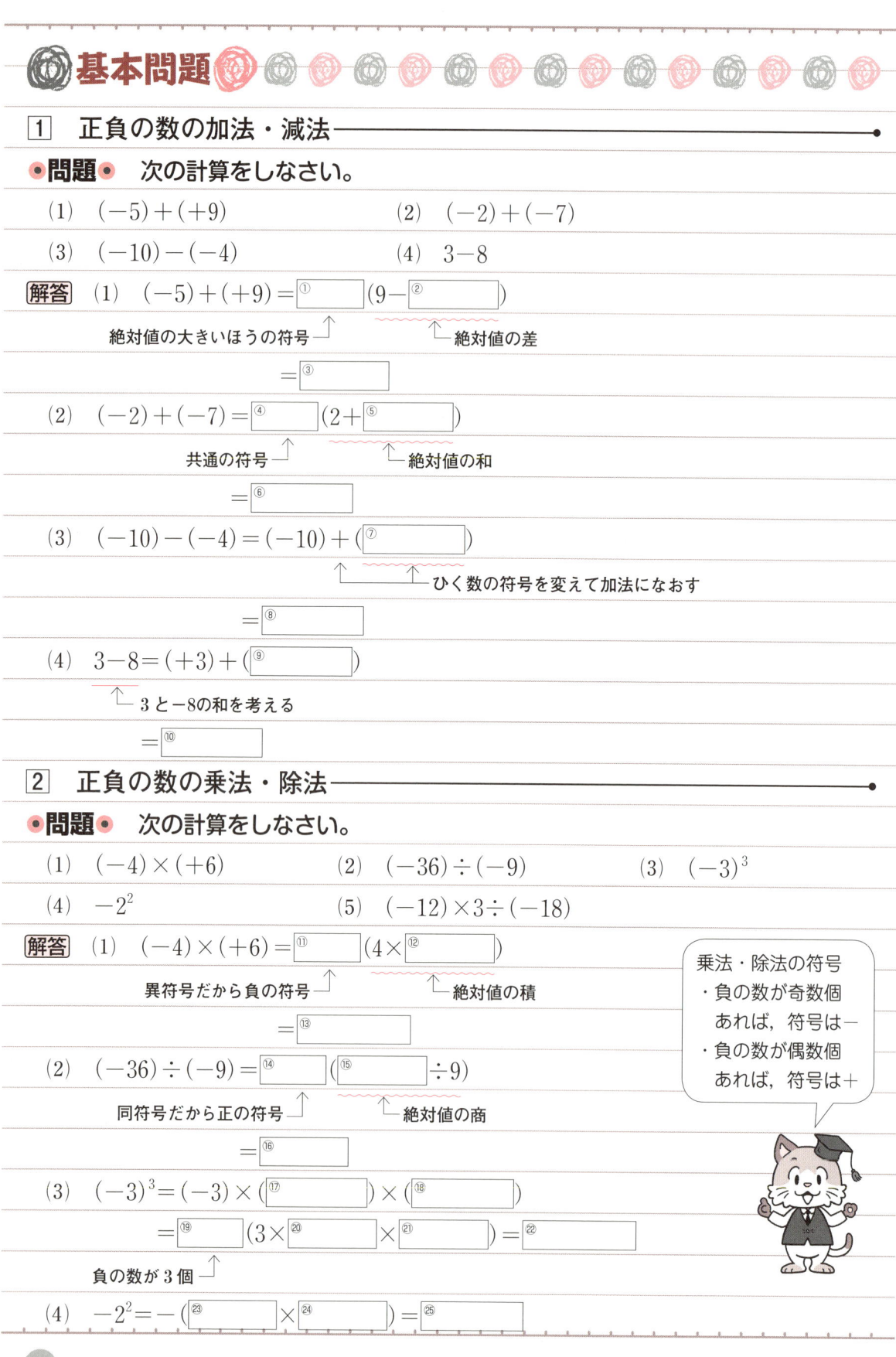

1 正負の数の加法・減法

問題 次の計算をしなさい。

(1) $(-5)+(+9)$ (2) $(-2)+(-7)$

(3) $(-10)-(-4)$ (4) $3-8$

解答 (1) $(-5)+(+9)=\boxed{①}\ (9-\boxed{②})$

　　　　絶対値の大きいほうの符号↑　　↑絶対値の差

$\qquad\qquad\qquad =\boxed{③}$

(2) $(-2)+(-7)=\boxed{④}\ (2+\boxed{⑤})$

　　　共通の符号↑　　↑絶対値の和

$\qquad\qquad\qquad =\boxed{⑥}$

(3) $(-10)-(-4)=(-10)+(\boxed{⑦})$

　　　　　　　　　　　↑　↑ひく数の符号を変えて加法になおす

$\qquad\qquad\qquad =\boxed{⑧}$

(4) $3-8=(+3)+(\boxed{⑨})$

　　　↑ 3と-8の和を考える

$\qquad\qquad\qquad =\boxed{⑩}$

2 正負の数の乗法・除法

問題 次の計算をしなさい。

(1) $(-4)\times(+6)$ (2) $(-36)\div(-9)$ (3) $(-3)^3$

(4) -2^2 (5) $(-12)\times 3\div(-18)$

解答 (1) $(-4)\times(+6)=\boxed{⑪}\ (4\times\boxed{⑫})$

　　　　異符号だから負の符号↑　　↑絶対値の積

$\qquad\qquad\qquad =\boxed{⑬}$

乗法・除法の符号
・負の数が奇数個あれば，符号は－
・負の数が偶数個あれば，符号は＋

(2) $(-36)\div(-9)=\boxed{⑭}\ (\boxed{⑮}\div 9)$

　　　同符号だから正の符号↑　　↑絶対値の商

$\qquad\qquad\qquad =\boxed{⑯}$

(3) $(-3)^3=(-3)\times(\boxed{⑰})\times(\boxed{⑱})$

$\qquad =\boxed{⑲}\ (3\times\boxed{⑳}\times\boxed{㉑})=\boxed{㉒}$

　負の数が3個↑

(4) $-2^2=-(\boxed{㉓}\times\boxed{㉔})=\boxed{㉕}$

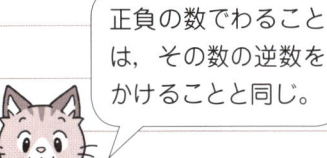

(5) $(-12)\times 3\div(-18)=$ ㉖ $\left(12\times 3\times\right.$ ㉗ $\left.\right)$

負の数が2個　　　　逆数をかける

$=$ ㉘

正負の数でわることは，その数の逆数をかけることと同じ。

3 四則の混じった計算

●問題● 次の計算をしなさい。

(1) $7-2\times 4$ (2) $3\times(5-7)$
(3) $(-20)\div(-8+3)$ (4) $(-2)^2\times 5-6$
(5) $(-5)\times(5-8)^2$

解答 (1) $7-2\times 4=7-$ ㉙

乗法が先

$=$ ㉚

(2) $3\times(5-7)=3\times($ ㉛ $)$

かっこの中が先

$=$ ㉜

(1)乗法⇒減法
(2)かっこの中⇒乗法
(3)かっこの中⇒除法
(4)累乗⇒乗法⇒減法
(5)かっこの中⇒累乗
　⇒乗法

の順に計算する。

(3) $(-20)\div(-8+3)=(-20)\div($ ㉝ $)$

かっこの中が先

$=$ ㉞

(4) $(-2)^2\times 5-6=$ ㉟ $\times 5-6=$ ㊱ -6

累乗が先　　　次は乗法

$=$ ㊲

(5) $(-5)\times(5-8)^2=(-5)\times($ ㊳ $)^2=(-5)\times$ ㊴

かっこの中が先　　　次は累乗

$=$ ㊵

解答
① $+$ ② 5 ③ 4 ④ $-$ ⑤ 7 ⑥ -9 ⑦ $+4$ ⑧ -6
⑨ -8 ⑩ -5 ⑪ $-$ ⑫ 6 ⑬ -24 ⑭ $+$ ⑮ 36 ⑯ 4
⑰ -3 ⑱ -3 ⑲ $-$ ⑳ 3 ㉑ 3 ㉒ -27 ㉓ 2 ㉔ 2
㉕ -4 ㉖ $+$ ㉗ $\dfrac{1}{18}$ ㉘ 2 ㉙ 8 ㉚ -1 ㉛ -2 ㉜ -6
㉝ -5 ㉞ 4 ㉟ 4 ㊱ 20 ㊲ 14 ㊳ -3 ㊴ 9 ㊵ -45

いまの実力を確認しよう

1 次の計算をしなさい。

(1) $-(-5)+(-3)$

(2) $7-2\times(-3)$

(3) $4-(-6)^2\div 2$

(4) $(-2)\times 5+9\div 3$

(5) $-\dfrac{3}{10}\div\dfrac{4}{5}\times\left(-\dfrac{2}{3}\right)^2$

(6) $\dfrac{13}{6}+\left(-\dfrac{7}{12}\right)\div\dfrac{1}{4}$

(7) $5\times(-3)^2+(-2^2)\div 4$

(8) $-6-(3-5)^2\div 4+(-2)^3\times(-1)$

解答

(1) $-(-5)+(-3)=\boxed{①}-\boxed{②}=\boxed{③}$

(2) $7-2\times(-3)=7-(\boxed{④})$
$=7+\boxed{⑤}=\boxed{⑥}$

(3) $4-(-6)^2\div 2=4-\boxed{⑦}\div 2$
$=4-\boxed{⑧}=\boxed{⑨}$

(4) $(-2)\times 5+9\div 3=\boxed{⑩}+\boxed{⑪}$
$=\boxed{⑫}$

(5) $-\dfrac{3}{10}\div\dfrac{4}{5}\times\left(-\dfrac{2}{3}\right)^2=-\dfrac{3}{10}\times\boxed{⑬}\times\boxed{⑭}$
$=\boxed{⑮}\dfrac{3\times\boxed{⑯}\times 4}{10\times 4\times\boxed{⑰}}=\boxed{⑱}$

(6) $\dfrac{13}{6}+\left(-\dfrac{7}{12}\right)\div\dfrac{1}{4}=\dfrac{13}{6}+\left(-\dfrac{7}{12}\right)\times\boxed{⑲}$
$=\dfrac{13}{6}-\dfrac{\boxed{⑳}}{}=\dfrac{13}{6}-\dfrac{\boxed{㉑}}{6}=\boxed{㉒}$

(7) $5\times(-3)^2+(-2^2)\div 4=5\times\boxed{㉓}+(\boxed{㉔})\div 4$
$=45+(\boxed{㉕})=\boxed{㉖}$

(8) $-6-(3-5)^2\div 4+(-2)^3\times(-1)=-6-(\boxed{㉗})^2\times\boxed{㉘}+(-8)\times(-1)$
$=-6-\boxed{㉙}\times\dfrac{1}{4}+\boxed{㉚}$
$=-6-\boxed{㉛}+\boxed{㉜}=\boxed{㉝}$

2 下の表は，生徒A～Fのそれぞれの体重からBの体重をひいた値を表したものである。次の問に答えなさい。

生　徒	A	B	C	D	E	F
Bの体重をひいた値(kg)	+5	0	−3	+11	−9	+8

(1) AとCの体重の差を求めなさい。

(2) 6人の体重の平均は56kgであった。このとき，Fの体重を求めなさい。

解答 (1) $(+5)-(-3)=(+5)+($ ㉞ $)$
$\qquad =$ ㉟

答 ㊱

(2) この表での6人の平均を求めると，

$\{(+5)+0+(-3)+(+11)+(-9)+(+8)\}\div 6$
$=\{(+5)+(+11)+(+8)+(-3)+(-9)\}\div 6$
$=\{(+24)+($ ㊲ $)\}\div 6$
$=($ ㊳ $)\div 6$
$=$ ㊴ (kg)

これより，6人の体重の平均はBの体重より ㊵ kg重いことがわかる。

6人の体重の平均は56kgなので，

Bの体重は，$56-$ ㊶ $=54(kg)$

Fの体重はBの体重より ㊷ kg重いので，

$54+$ ㊸ $=$ ㊹ (kg)

答 ㊺

○解答

① 5　② 3　③ 2　④ −6　⑤ 6　⑥ 13　⑦ 36　⑧ 18
⑨ −14　⑩ −10　⑪ 3　⑫ −7　⑬ $\frac{5}{4}$　⑭ $\frac{4}{9}$　⑮ −　⑯ 5
⑰ 9　⑱ $-\frac{1}{6}$　⑲ 4　⑳ $\frac{7}{3}$　㉑ 14　㉒ $-\frac{1}{6}$　㉓ 9　㉔ −4
㉕ −1　㉖ 44　㉗ −2　㉘ $\frac{1}{4}$　㉙ 4　㉚ 8　㉛ 1　㉜ 8
㉝ 1　㉞ +3　㉟ 8　㊱ 8kg　㊲ −12　㊳ +12　㊴ 2　㊵ 2
㊶ 2　㊷ 8　㊸ 8　㊹ 62　㊺ 62kg

2 文字と式

用語チェック

- $3x+4$ という式で、$3x$、4 のそれぞれを〔①　　　〕といい、$3x$ の数の部分 3 を x の〔②　　　〕という。
- $3x+4$ の項のうち、$3x$ のように文字が１つだけの項を**１次の項**といい、１次の項だけか、１次の項と数の項の和で表すことができる式を〔③　　　〕という。
- 式のなかの文字を**数におきかえる**ことを、文字にその数を**代入**するといい、代入して計算した結果を、そのときの〔④　　　〕という。
- **等号**を使って数量の間の関係を表した式を〔⑤　　　〕といい、**不等号**を使って数量の間の関係を表した式を〔⑥　　　〕という。

１次式
　　　　係数
　　$3x+4$
　　　　項

不等式 $a-5<9$
　　　　左辺　右辺
　　　　　両辺

要点チェック

1 文字を使った式の表し方

- 文字の混じった**乗法**では、記号〔⑦　　　〕をはぶく。
- 同じ文字の**積**は、累乗の〔⑧　　　〕を使って表す。
- 文字の混じった**除法**では、記号÷を使わずに、〔⑨　　　〕の形で書く。

$5 \times x = 5x$ ←はぶく
$a \times a = a^2$ ←文字の数
$2x \div 5 = \dfrac{2x}{5}$ ←$\div 5 \Rightarrow \times \dfrac{1}{5}$

2 式の値

- $x=-4$ のとき、$5x+7$ の値は、
$$5x+7=5\times(\boxed{⑩})+7=-20+7=-13$$
　　↑代入する

負の数を代入するときは、（ ）をつけるよ。

3 １次式の加法・減法

- １次式の加法は、**文字の部分**が〔⑪　　　〕項どうし、**数の項**どうしを加えればよい。
- １次式の減法は、**ひくほうの式**の各項の〔⑫　　　〕を変えて加えればよい。

$(4x+3)+(2x-5)$　そのままかっこをはずす
$=4x+3+2x-5$
$=4x+2x+3-5=6x-2$
$(4x+3)-(2x-5)$
　　　　↓
$=(4x+3)+(-2x+5)$
$=4x+3-2x+5=2x+8$

4　1次式と数の乗法・除法

- 1次式と数の**乗法**は，〔⑬　　　〕法則

  $a(b+c)=ab+ac$

  を使って計算することができる。

- 1次式と数の**除法**は，〔⑭　　　〕になおして計算できる。

$$2(3x-4)$$
$$=2\times 3x-2\times 4=6x-8$$
$$(6a-9)\div 3$$
$$=(6a-9)\times \frac{1}{3} \leftarrow 逆数をかける$$
$$=6a\times \frac{1}{3}-9\times \frac{1}{3}=2a-3$$

5　文字式の利用

- 数量を文字で表すときは，文字式の表し方にしたがって表す。

  十の位が x，**一の位**が y の2けたの数 → ⑮　　　 $+y$

  「a は b **以上**である」とき，不等号を使って，a ⑯　　　 b と表す。

  「a は b **未満**である」とき，a ⑰　　　 b と表す。

確認問題

❶　$6a+(1-4a)=6a+1-$ ⑱　　　 $=$ ⑲　　　

❷　$(5x-7)-(2x+2)=5x-7$ ⑳　　　 $2x-2=$ ㉑　　　

❸　$4(3a-2)=4\times 3a-$ ㉒　　　 $\times 2=$ ㉓　　　

❹　$(-3x+2)\times (-2)=-3x\times ($ ㉔　　　 $)+2\times (-2)=$ ㉕　　　

❺　$(-12y+6)\div 3=-12y\times $ ㉖　　　 $+6\times $ ㉗　　　 $=$ ㉘　　　

❻　$x=-2$ のとき，$3-2x$ の値は，

　　$3-2\times ($ ㉙　　　 $)=3+4=$ ㉚　　　

❼　n を整数とすると，偶数は ㉛　　　，奇数は ㉜　　　 $+1$ と表せる。

❽　「1個 x g のりんごと y g のりんごを合わせた重さが 300g 以上である」ことを不等式で表すと，$x+y$ ㉝　　　 300

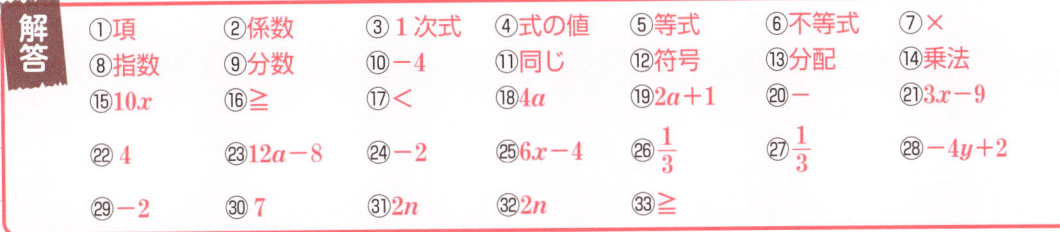

解答
①項　②係数　③1次式　④式の値　⑤等式　⑥不等式　⑦×
⑧指数　⑨分数　⑩-4　⑪同じ　⑫符号　⑬分配　⑭乗法
⑮$10x$　⑯$\geqq$　⑰$<$　⑱$4a$　⑲$2a+1$　⑳$-$　㉑$3x-9$
㉒4　㉓$12a-8$　㉔-2　㉕$6x-4$　㉖$\frac{1}{3}$　㉗$\frac{1}{3}$　㉘$-4y+2$
㉙-2　㉚7　㉛$2n$　㉜$2n$　㉝$\geqq$

基本問題

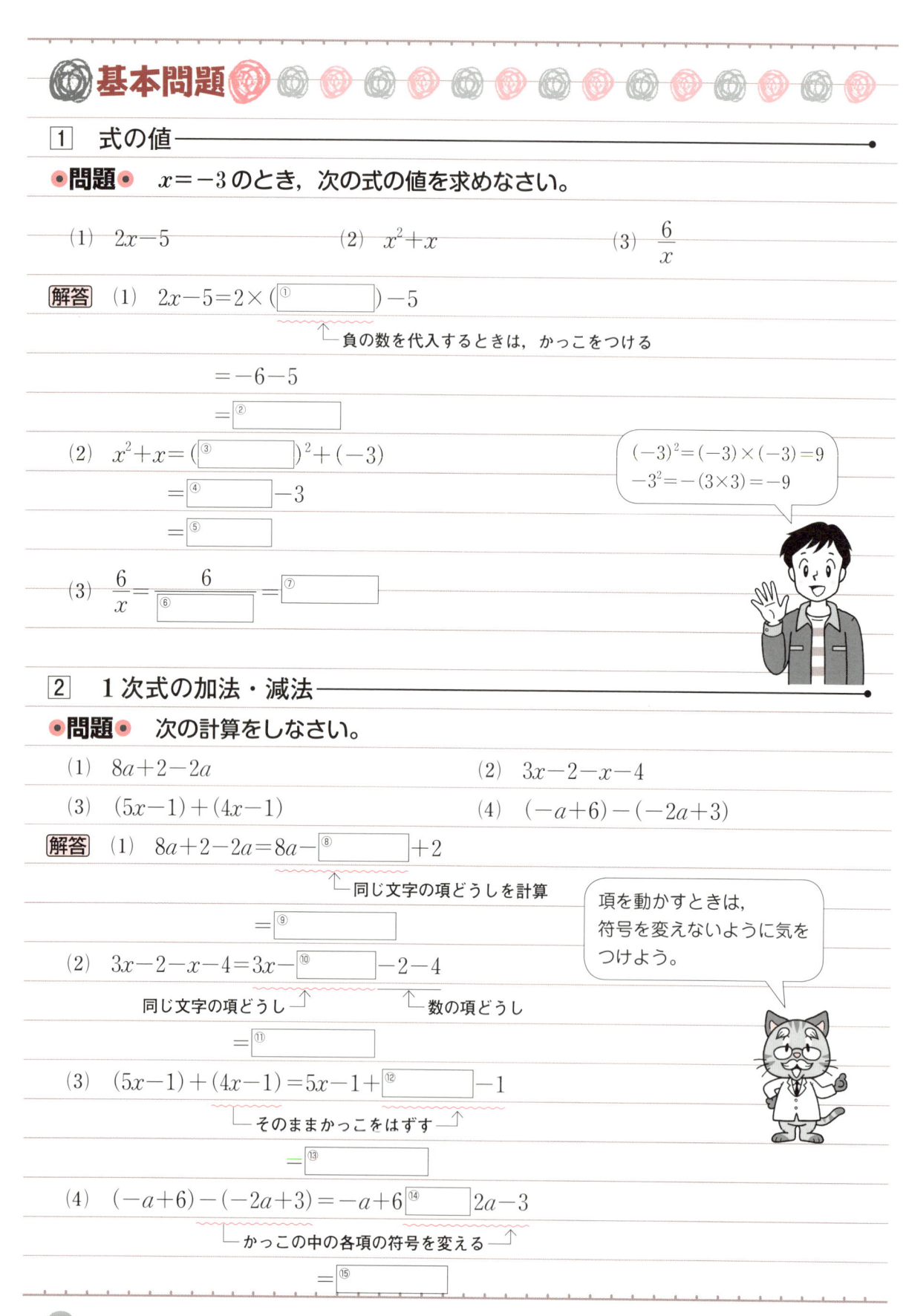

1 式の値

問題 $x=-3$ のとき，次の式の値を求めなさい。

(1) $2x-5$ (2) x^2+x (3) $\dfrac{6}{x}$

解答 (1) $2x-5 = 2\times(\boxed{①})-5$
　　　　　　　↑負の数を代入するときは，かっこをつける

$= -6-5$
$= \boxed{②}$

(2) $x^2+x = (\boxed{③})^2+(-3)$

$(-3)^2 = (-3)\times(-3) = 9$
$-3^2 = -(3\times 3) = -9$

$= \boxed{④}-3$
$= \boxed{⑤}$

(3) $\dfrac{6}{x} = \dfrac{6}{\boxed{⑥}} = \boxed{⑦}$

2 1次式の加法・減法

問題 次の計算をしなさい。

(1) $8a+2-2a$ 　　　(2) $3x-2-x-4$
(3) $(5x-1)+(4x-1)$ 　　　(4) $(-a+6)-(-2a+3)$

解答 (1) $8a+2-2a = 8a-\boxed{⑧}+2$
　　　　　　　　　　↑同じ文字の項どうしを計算

$= \boxed{⑨}$

項を動かすときは，符号を変えないように気をつけよう。

(2) $3x-2-x-4 = 3x-\boxed{⑩}-2-4$
　　同じ文字の項どうし↑　　↑数の項どうし

$= \boxed{⑪}$

(3) $(5x-1)+(4x-1) = 5x-1+\boxed{⑫}-1$
　　　　　　↑そのままかっこをはずす↑

$= \boxed{⑬}$

(4) $(-a+6)-(-2a+3) = -a+6\boxed{⑭}2a-3$
　　　　　　　↑かっこの中の各項の符号を変える↑

$= \boxed{⑮}$

12

3 1次式の乗法・除法

●問題● 次の計算をしなさい。

(1) $3(5x-4)$　　(2) $(8x-6)\div(-2)$　　(3) $\dfrac{a+7}{8}\times 16$

解答　(1) $3(5x-4)=3\times 5x-3\times \boxed{⑯}$

$\qquad\qquad\qquad =\boxed{⑰}$

(2) $(8x-6)\div(-2)=(8x-6)\times\left(\boxed{⑱}\right)$

乗法になおす

$\qquad\qquad =8x\times\left(\boxed{⑲}\right)-6\times\left(\boxed{⑳}\right)$

$\qquad\qquad =\boxed{㉑}$

(3) $\dfrac{a+7}{8}\times 16=\dfrac{(a+7)\times 16}{8}$　かっこをつける

$\qquad\qquad =(a+7)\times\boxed{㉒}$

$\qquad\qquad =a\times\boxed{㉓}+7\times\boxed{㉔}=\boxed{㉕}$

4 関係を表す式

●問題● 次の数量の間の関係を、等式または不等式で表しなさい。

(1) 1本 x 円のペン3本と1冊 y 円のメモ帳2冊を買ったときの代金は600円。

(2) a の2倍と9の和は y より大きい。

(3) x m のリボンから2mを切り取ったら、残りのリボンの長さは y m以下。

解答　(1) ペン3本の代金…$3x$ 円

　　　　メモ帳2冊の代金…$\boxed{㉖}$ 円　　　答 $\boxed{㉗}$

(2) a の2倍と9の和…$\boxed{㉘}+9$　　　答 $\boxed{㉙}$

(3) x m のリボンから2mを切り取った長さ…$(x-2)$ m　　　答 $\boxed{㉚}$

① -3　② -11　③ -3　④ 9　⑤ 6　⑥ -3　⑦ -2
⑧ $2a$　⑨ $6a+2$　⑩ x　⑪ $2x-6$　⑫ $4x$　⑬ $9x-2$　⑭ $+$
⑮ $a+3$　⑯ 4　⑰ $15x-12$　⑱ $-\dfrac{1}{2}$　⑲ $-\dfrac{1}{2}$　⑳ $-\dfrac{1}{2}$　㉑ $-4x+3$
㉒ 2　㉓ 2　㉔ 2　㉕ $2a+14$　㉖ $2y$　㉗ $3x+2y=600$
㉘ $2a$　㉙ $2a+9>y$　㉚ $x-2\leqq y$

いまの実力を確認しよう

1 次の問に答えなさい。

(1) 底辺が x cm で高さが 20 cm の三角形の面積が y cm² であるとき，y を x の式で表しなさい。

(2) x 枚の紙がある。40人の子どもに y 枚ずつ配ったとき，残った枚数を x，y を使った式で表しなさい。

(3) 2つのクラスA，Bがあり，Aクラスの人数は39人，Bクラスの人数は40人である。この2つのクラスで数学のテストを行った。その結果，Aクラスの平均点は a 点，Bクラスの平均点は b 点であった。2つのクラス全体の平均点を a，b を使った式で表しなさい。

[解答] (1) 三角形の面積＝底辺×高さ÷2 にあてはめると，
$y = x \times $ ①☐ $\div 2$
$y = $ ②☐ x 答 ③☐

(2) 40人に配った枚数…④☐ 枚
（全部の枚数）－（配った枚数）にあてはめる。   答 ⑤☐

(3) Aクラスの合計点…⑥☐ 点
Bクラスの合計点…⑦☐ 点
（Aクラスの合計点＋Bクラスの合計点）÷（2つのクラスの人数の合計）だから，
(⑧☐ ＋ ⑨☐) $\div (39+40) = \dfrac{⑩☐}{79}$ 答 ⑪☐

2 次の式の値を求めなさい。

(1) $a = \dfrac{1}{2}$ のときの $16a - 5$ の値   (2) $x = 4$，$y = -5$ のときの $3x - y^2$ の値

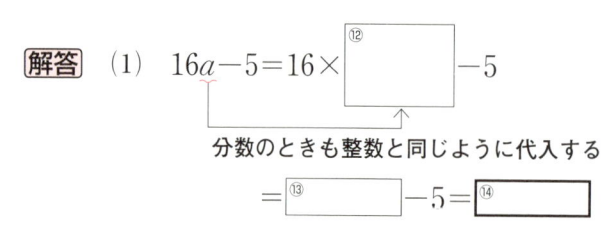

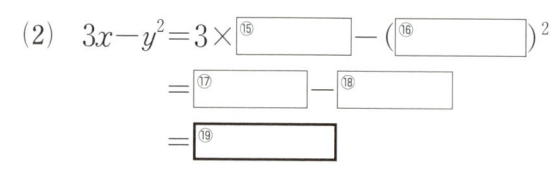

[解答] (1) $16a - 5 = 16 \times $ ⑫☐ $- 5$
　　　　　　　　　　↑
　　　　分数のときも整数と同じように代入する
$= $ ⑬☐ $- 5 = $ ⑭☐

(2) $3x - y^2 = 3 \times $ ⑮☐ $- ($⑯☐$)^2$
$= $ ⑰☐ $- $ ⑱☐
$= $ ⑲☐

3 次の計算をしなさい。

(1) $5a+(1-3a)$

(2) $6x-5-(8x+1)$

(3) $3(a-4)+2(5a+7)$

(4) $2(3-2y)-4(y-2)$

(5) $\dfrac{3x-2}{4}+4x+5$

(6) $\dfrac{1}{4}(5x+3)-\dfrac{1}{3}(x-2)$

解答

(1) $5a+(1-3a) = 5a+1-\boxed{⑳}$
   $= \boxed{㉑}$

(2) $6x-5-(8x+1) = 6x-5-\boxed{㉒}-\boxed{㉓}$
   $= \boxed{㉔}$

(3) $3(a-4)+2(5a+7) = \boxed{㉕}-12+10a+\boxed{㉖}$
   $= \boxed{㉗}$

(4) $2(3-2y)-4(y-2) = 6-\boxed{㉘}-4y+\boxed{㉙}$
   $= \boxed{㉚}$

(5) $\dfrac{3x-2}{4}+4x+5 = \dfrac{3x-2+\boxed{㉛}(4x+5)}{4}$

$= \dfrac{3x-2+\boxed{㉜}+20}{4} = \boxed{㉝}$

(6) $\dfrac{1}{4}(5x+3)-\dfrac{1}{3}(x-2) = \dfrac{\boxed{㉞}(5x+3)-\boxed{㉟}(x-2)}{12}$

$= \dfrac{\boxed{㊱}+9-\boxed{㊲}+8}{12}$

$= \boxed{㊳}$

○解答

① 20　② 10　③ $y=10x$　④ $40y$　⑤ $(x-40y)$枚　⑥ $39a$

⑦ $40b$　⑧ $39a$　⑨ $40b$　⑩ $39a+40b$　⑪ $\dfrac{39a+40b}{79}$点　⑫ $\dfrac{1}{2}$

⑬ 8　⑭ 3　⑮ 4　⑯ -5　⑰ 12　⑱ 25

⑲ -13　⑳ $3a$　㉑ $2a+1$　㉒ $8x$　㉓ 1　㉔ $-2x-6$

㉕ $3a$　㉖ 14　㉗ $13a+2$　㉘ $4y$　㉙ 8　㉚ $-8y+14$

㉛ 4　㉜ $16x$　㉝ $\dfrac{19x+18}{4}$　㉞ 3　㉟ 4　㊱ $15x$

㊲ $4x$　㊳ $\dfrac{11x+17}{12}$

15

3 式の計算

用語チェック

- 数や文字についての**乗法**だけでつくられた式を〔①　　　　〕という。
- **単項式の和**の形で表された式を〔②　　　　〕といい、そのひとつひとつの単項式を、多項式の〔③　　　　〕という。
- 単項式でかけられている**文字の個数**を、その式の〔④　　　　〕という。
- 多項式では、各項の次数のうちで、もっとも**大きいもの**を、その多項式の〔⑤　　　　〕といい、次数が1の式を**1次式**といい、次数が2の式を〔⑥　　　　〕という。
- 文字の部分が**同じである項**を〔⑦　　　　〕という。

単項式…$2a$, $\dfrac{1}{2}x^2$, ab^2, -3

多項式…$2x+5$, $2x^2+5xy+1$
　　　　　　項　　　　　項

$2ab = 2 \times a \times b$　⇒次数は**2**
　　　文字**2**個

$x^3 + xy + y$　⇒次数は**3**
次数3　次数2　次数1　⇒**3次式**

――同類項――
$2a + b + 3a - 6b$
　　　――同類項――

要点チェック

1 多項式の計算

- **同類項**は、〔⑧　　　　〕法則を使って、1つの項にまとめることができる。

- **多項式の加法**
  多項式の項をすべて加える。
  〔⑨　　　　〕はまとめておく。

- **多項式の減法**
  ひくほうの多項式の各項の〔⑩　　　　〕を変えて加える。

- **多項式と数の乗法**
  〔⑪　　　　〕法則を使って計算する。

- **多項式と数の除法**
  わる数の〔⑫　　　　〕をかけて、乗法になおして計算する。

$7x + 5x + 3y - 2y$
$= (7+5)x + (3-2)y$　）同類項をまとめる

$(x^2 - 2x) + (4x^2 + x)$　）かっこをはずす
$= x^2 - 2x + 4x^2 + x$　）項を並べかえる
$= x^2 + 4x^2 - 2x + x$　）同類項をまとめる
$= 5x^2 - x$

$(x^2 - 2x) - (4x^2 + x)$　）ひくほうの符号を変える
$= x^2 - 2x - 4x^2 - x$　）項を並べかえる
$= x^2 - 4x^2 - 2x - x$　）同類項をまとめる
$= -3x^2 - 3x$

$2(3x + y - 6)$　）数をすべての項にかける
$= 6x + 2y - 12$

$(10x + 6y) \div 2$
$= (10x + 6y) \times \dfrac{1}{2}$　）わる数の逆数をかける

16

2 単項式の乗法・除法

- **単項式の乗法**

  係数の積に文字の〔⑬　　〕をかける。
  └─ アルファベット順に並べる

- **単項式の除法**

  わられる式を分子，わる式を〔⑭　　〕とする分数の形にする。文字も約分する。

- **単項式の乗除混合計算**

  かける式を〔⑮　　〕，わる式を分母とする分数の形にする。

$$2x \times 5y = 2 \times x \times 5 \times y$$
$$= 2 \times 5 \times x \times y$$
$$= 10xy$$

文字の積，係数の積をかける

$$10xy \div 2x = \frac{10xy}{2x}$$
$$= \frac{\overset{5}{10} \times \overset{1}{x} \times y}{\underset{1}{2} \times \underset{1}{x}} = 5y$$

$$12ab^2 \times 2a \div 3b$$
$$= \frac{12ab^2 \times 2a}{3b} = 8a^2b$$

3 等式の変形

- たとえば，$2x+y=5$ を $x=\sim$ の形に**変形する**ことを，〔⑯　　〕について解くという。

$$2x+y=5$$
左辺を x だけの式にする
$$2x=5-y$$
両辺を x の係数 2 でわる
$$x=\frac{5-y}{2}$$

確認問題

❶ 単項式 $-2x^2y$ の次数は〔⑰　　〕である。

❷ 多項式 $3a^2+5ab-ab^2$ の次数は〔⑱　　〕で，〔⑲　　〕次式である。

❸ $(3x-y)+(5x-7y)=(3+〔⑳　　〕)x+(〔㉑　　〕-7)y=〔㉒　　〕-8y$

❹ $(2x^2-6x)-(6x^2-5x)=2x^2-6x-6x^2〔㉓　　〕5x=-4x^2-〔㉔　　〕$

❺ $-4(x-3y)+3x=〔㉕　　〕+12y+3x=〔㉖　　〕+12y$

❻ $24a^2b \div 8ab = \dfrac{24a^2b}{〔㉗　　〕} = \dfrac{\overset{3}{24} \times \overset{1}{a} \times 〔㉘　　〕 \times \overset{1}{b}}{8 \times \underset{1}{a} \times \underset{1}{b}} = 〔㉙　　〕$

❼ $2x-y=3$ を y について解くと，〔㉚　　〕を移項して，$-y=3-2x$，両辺を〔㉛　　〕でわって，$y=-3〔㉜　　〕2x$

解答
①単項式　②多項式　③項　④次数　⑤次数　⑥2次式　⑦同類項
⑧分配　⑨同類項　⑩符号　⑪分配　⑫逆数　⑬積　⑭分母
⑮分子　⑯x　⑰3　⑱3　⑲3　⑳5　㉑-1
㉒$8x$　㉓$+$　㉔x　㉕$-4x$　㉖$-x$　㉗$8ab$　㉘a
㉙$3a$　㉚$2x$　㉛-1　㉜$+$

基本問題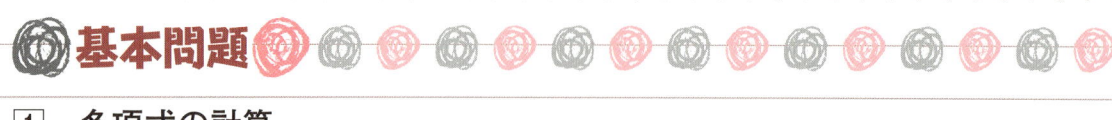

1 多項式の計算

●問題● 次の計算をしなさい。

(1) $(2x-y)+(x+5y)$ (2) $(3a+2b)-(4a-b)$

(3) $3(a-b)+2(3a+b)$ (4) $2(5x+4y)-3(-x+2y)$

解答 (1) $(2x-y)+(x+5y) = 2x-y+x+\boxed{①}$
        └かっこはそのままはずす─┘ }項を並べかえる

         $= 2x+x-y+\boxed{②}$ }同類項をまとめる

         $= 3x+\boxed{③}$

(2) $(3a+2b)-(4a-b) = 3a+2b-4a\boxed{④}$
      └─符号を変えて加える─┘

        $= 3a-4a+2b\boxed{⑤}$

        $= -a+\boxed{⑥}$

(3) $3(a-b)+2(3a+b) = 3a-\boxed{⑦}+\boxed{⑧}+2b$
        └─分配法則を使ってかっこをはずす─┘

        $= \boxed{⑨}-b$

(4) $2(5x+4y)-3(-x+2y) = 10x+8y\boxed{⑩}-\boxed{⑪}=\boxed{⑫}$
       └─符号に注意してかっこをはずす─┘

2 単項式の乗法・除法

●問題● 次の計算をしなさい。

(1) $(-2x)\times 4xy$ (2) $5xy^2 \div (-10x^2y)$

(3) $10a^2 \times ab \div (-5ab^2)$ (4) $x^2y^2 \div 2x^2y \times (-y)^2$

解答 (1) $(-2x)\times 4xy = (-2)\times \boxed{⑬} \times 4 \times x \times \boxed{⑭}$

      $= (-2)\times 4 \times \boxed{⑮} \times x \times \boxed{⑯}$

      $= \boxed{⑰}$

(2) $5xy^2 \div (-10x^2y) = \dfrac{5xy^2}{\boxed{⑱}}$

      $= -\dfrac{\overset{1}{5}\times \overset{1}{x}\times \overset{1}{y}\times \boxed{⑲}}{\underset{2}{10}\times \underset{1}{x}\times \boxed{⑳}\times \underset{1}{y}} = \boxed{㉑}$

同じ文字の積は累乗の指数で表そう。

(3) $10a^2 \times ab \div (-5ab^2) = -\dfrac{10a^2 \times \boxed{㉒}}{\boxed{㉓}} = -\dfrac{\boxed{㉔}}{b}$

└ わる式を分母にする ┘

(4) $x^2y^2 \div 2x^2y \times (-y)^2 = \dfrac{x^2y^2 \times \boxed{㉕}}{\boxed{㉖}} = \dfrac{\boxed{㉗}}{\boxed{㉘}}$

$(-y) \times (-y) = y^2$

3 式の値

●問題● $a = -2,\ b = 3$ のとき，次の式の値を求めなさい。

(1) $(a+3b) - (-3a+5b)$ (2) $3a^3b \times (-2b)^2 \div 4ab^2$

解答 (1) $(a+3b) - (-3a+5b) = a+3b+\boxed{㉙} - 5b$

$= \boxed{㉚} - 2b$

$= 4 \times (\boxed{㉛}) - 2 \times \boxed{㉜}$

$= \boxed{㉝} - 6 = \boxed{㉞}$

式を簡単にしてから数を代入しよう。

(2) $3a^3b \times (-2b)^2 \div 4ab^2 = \dfrac{3a^3b \times \boxed{㉟}}{4ab^2} = \boxed{㊱}$

$= 3 \times (\boxed{㊲})^2 \times \boxed{㊳} = \boxed{㊴}$

4 等式の変形

●問題● 次の等式を [ ] の中の文字について解きなさい。

(1) $4x + 5y = 6$ [x]   (2) $\ell = 2(a+b)$ [b]

解答 (1) $4x+5y=6$ $4x = 6 - \boxed{㊵}$ $x = \dfrac{6 - \boxed{㊶}}{\boxed{㊷}}$

└ $5y$ を移項 ┘ └ 両辺を 4 でわる ┘

(2) $\ell = 2(a+b)$ $2(a+b) = \ell$ $a+b = \dfrac{\ell}{\boxed{㊸}}$ $b = \dfrac{\ell}{\boxed{㊹}} - \boxed{㊺}$

└ 両辺を入れかえる ┘

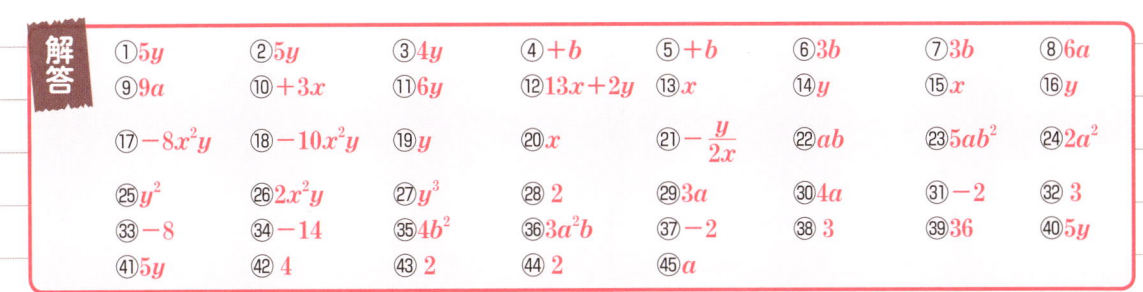

解答
① $5y$ ② $5y$ ③ $4y$ ④ $+b$ ⑤ $+b$ ⑥ $3b$ ⑦ $3b$ ⑧ $6a$
⑨ $9a$ ⑩ $+3x$ ⑪ $6y$ ⑫ $13x+2y$ ⑬ x ⑭ y ⑮ x ⑯ y
⑰ $-8x^2y$ ⑱ $-10x^2y$ ⑲ y ⑳ x ㉑ $-\dfrac{y}{2x}$ ㉒ ab ㉓ $5ab^2$ ㉔ $2a^2$
㉕ y^2 ㉖ $2x^2y$ ㉗ y^3 ㉘ 2 ㉙ $3a$ ㉚ $4a$ ㉛ -2 ㉜ 3
㉝ -8 ㉞ -14 ㉟ $4b^2$ ㊱ $3a^2b$ ㊲ -2 ㊳ 3 ㊴ 36 ㊵ $5y$
㊶ $5y$ ㊷ 4 ㊸ 2 ㊹ 2 ㊺ a

いまの実力を確認しよう

1 次の計算をしなさい。

(1) $4(3a-b)+7(a+2b)$ 　　　(2) $2(5x+y)-4(x-2y)$

(3) $5b \times (-a)^3$ 　　　(4) $8a^3b^2 \div 4ab$

(5) $4x^3 \times (3x)^2 \div (-12x)$ 　　　(6) $24x^3y^2 \div (-6xy^2) \times 2xy$

解答 (1) $4(3a-b)+7(a+2b)=12a-\boxed{①}+7a+\boxed{②}$

$=\boxed{③}$

(2) $2(5x+y)-4(x-2y)=10x+2y\boxed{④}+\boxed{⑤}$

$=\boxed{⑥}$

(3) $5b \times (-a)^3 = 5b \times (\boxed{⑦}) = \boxed{⑧}$

(4) $8a^3b^2 \div 4ab = \dfrac{8 \times a \times a \times \boxed{⑨} \times b \times \boxed{⑩}}{\boxed{⑪} \times a \times \boxed{⑫}} = \boxed{⑬}$

(5) $4x^3 \times (3x)^2 \div (-12x) = -\dfrac{4x^3 \times \boxed{⑭}}{\boxed{⑮}} = \boxed{⑯}$

(6) $24x^3y^2 \div (-6xy^2) \times 2xy = -\dfrac{24x^3y^2 \times \boxed{⑰}}{\boxed{⑱}} = \boxed{⑲}$

2 次の計算をしなさい。

(1) $\dfrac{a+b}{2} + \dfrac{a-3b}{4}$ 　　　(2) $\dfrac{3}{2}(x-4y) - \dfrac{2}{3}(2x-9y)$

解答 (1) $\dfrac{a+b}{2} + \dfrac{a-3b}{4} = \dfrac{\boxed{⑳}(a+b)+(a-3b)}{\boxed{㉑}}$ ← 通分するとき，分子にかっこをつける

$= \dfrac{\boxed{㉒}+2b+a-\boxed{㉓}}{4}$

$= \boxed{㉔}$

(2) $\dfrac{3}{2}(x-4y) - \dfrac{2}{3}(2x-9y) = \dfrac{3x}{2} - \boxed{㉕} - \dfrac{\boxed{㉖}}{3} + 6y$

$= \dfrac{\boxed{㉗}}{6} - \dfrac{\boxed{㉘}}{6}$

$= \boxed{㉙}$

3 次の問に答えなさい。

(1) $a=3$, $b=-\dfrac{1}{2}$ のとき, $2ab^2 \times (-3a) \div ab$ の値を求めなさい。

(2) $2x - \dfrac{1}{5}y = 1$ を y について解きなさい。

解答 (1) $2ab^2 \times (-3a) \div ab = -\dfrac{2ab^2 \times \boxed{㉚}}{\boxed{㉛}}$

$\qquad\qquad\qquad\qquad = -6\boxed{㉜}$

$\qquad\qquad\qquad\qquad = -6 \times 3 \times \left(\boxed{㉝}\right)$

$\qquad\qquad\qquad\qquad = \boxed{㉞}$

(2) $2x - \dfrac{1}{5}y = 1 \qquad -\dfrac{1}{5}y = 1 - \boxed{㉟} \qquad y = \boxed{㊱} + \boxed{㊲}$

答 $y = \boxed{㊳}$

4 連続する 2 つの奇数の和は，4 の倍数になることを説明しなさい。

解答 n を整数とすると，連続する 2 つの奇数は，$2n+1$, $2n+\boxed{㊴}$ と表すことができる。

その和は，

$(2n+1) + (2n+3) = 2n + 1 + 2n + 3$

$\qquad\qquad\qquad\quad = 4n + 4$

$\qquad\qquad\qquad\quad = \boxed{㊵}(n+1)$

$n+1$ は $\boxed{㊶}$ なので，$4(n+1)$ は，4 の $\boxed{㊷}$ になる。

よって，連続する 2 つの奇数の和は，4 の倍数になる。

○解答

① $4b$ ② $14b$ ③ $19a+10b$ ④ $-4x$ ⑤ $8y$ ⑥ $6x+10y$ ⑦ $-a^3$
⑧ $-5a^3b$ ⑨ a ⑩ b ⑪ 4 ⑫ b ⑬ $2a^2b$ ⑭ $9x^2$
⑮ $12x$ ⑯ $-3x^4$ ⑰ $2xy$ ⑱ $6xy^2$ ⑲ $-8x^3y$ ⑳ 2 ㉑ 4
㉒ $2a$ ㉓ $3b$ ㉔ $\dfrac{3a-b}{4}$ ㉕ $6y$ ㉖ $4x$ ㉗ $9x$ ㉘ $8x$
㉙ $\dfrac{x}{6}$ ㉚ $3a$ ㉛ ab ㉜ ab ㉝ $-\dfrac{1}{2}$ ㉞ 9 ㉟ $2x$
㊱ -5 ㊲ $10x$ ㊳ $-5+10x$ ㊴ 3 ㊵ 4 ㊶ 整数 ㊷ 倍数

21

4 1次方程式

用語チェック

- 式のなかの文字に代入する値によって，成り立ったり，成り立たなかったりする等式を〔①　　　〕という。

- 方程式を成り立たせる文字の値を，方程式の〔②　　　〕といい，方程式の解を求めることを，方程式を〔③　　　〕という。

> 方程式 $2x+5=11$
> $x=3$ を代入
> ➡ $2×3+5=11$
> で等式は成り立つ
> ➡ $x=3$ は解

- 等式の性質は，次の4つがある。

  $A=B$ ならば $A+C=B+$〔④　　　〕　　$A=B$ ならば $A-C=$〔⑤　　　〕$-C$

  $A=B$ ならば $AC=$〔⑥　　　〕　　$A=B$ ならば $\dfrac{A}{C}=\dfrac{〔⑦　　　〕}{C}(C\neq0)$

- 等式の一方の辺にある項を，その項の〔⑧　　　〕を変えて他方の辺に移すことを，〔⑨　　　〕という。

- 移項することによって，（1次式）＝0 の形に変形できる方程式を〔⑩　　　〕という。

> $2x+5=11$ 　　移項
> $2x=11-5$
> **1次方程式**
> $ax+b=0(a\neq0)$

要点チェック

1　方程式の解き方

1 xをふくむ項を〔⑪　　　〕に，数の項を右辺に移項する。

2 $ax=b$ の形にする。

3 両辺を x の係数 a で〔⑫　　　〕。

> $7x-2=2x+13$ 　移項
> $7x-2x=13+2$
> $5x=15$ 　$ax=b$ の形
> $x=3$ 　両辺をxの係数でわる

2　いろいろな方程式

- かっこをふくむ方程式は，〔⑬　　　〕をはずしてから解く。

- 係数に小数をふくむ方程式は，両辺に10, 100などをかけて，係数を〔⑭　　　〕になおしてから解く。

- 係数に分数をふくむ方程式は，両辺に〔⑮　　　〕の公倍数をかけて，分数をふくまない形に変形してから解く。この変形を〔⑯　　　〕という。

> $2(x-3)=x+4$ 　かっこをはずす
> $2x-6=x+4$
> $0.6x=0.2x+1.6$ 　両辺に10をかける
> $6x=2x+16$
> $\dfrac{1}{3}x-2=\dfrac{1}{4}x$ 　×12　分母をはらう
> $4x-24=3x$

- 比例式にふくまれる x の値を求めるには，**比例式の性質**
  $a:b=m:n$ ならば $an=$ ⑰[　　] を利用する。

$$a:b=m:n \quad \begin{array}{c} bm \\ an \end{array}$$

③ 1次方程式の文章題の解き方

> 1枚20円の色紙と1枚50円の画用紙を合わせて15枚買ったときの代金の合計は570円であった。色紙と画用紙をそれぞれ何枚買ったか求めなさい。

〔解き方〕　色紙を x 枚買ったとすると，画用紙は ← ❶求める数量を x で表し，問題の他の数量を x を使って表す。
（⑱[　　]）枚買ったことになる。
方程式をつくると $20x+50($ ⑲[　　]$)=570$ ← ❷数量の間の関係をみつけ，方程式をつくる。
これを解くと $x=6$　したがって，色紙は ←
6枚，画用紙は $15-6=$ ⑳[　　]（枚）買った。　← ❸方程式を解いて，答を求める。

確認問題

❶ 方程式 $x+5=3$ で，$+5$ を移項すると，$x=3-$ ㉑[　]$=$ ㉒[　]

❷ 方程式 $4x=24$ で，両辺を4でわると，$\dfrac{4x}{4}=\dfrac{㉓[\ ]}{4}$ となり，$x=$ ㉔[　]

❸ 方程式 $7x=18+x$ で，$+x$ を移項すると，㉕[　]$x=18$ となり，$x=$ ㉖[　]

❹ 方程式 $6(x-1)=x+4$ で，かっこをはずすと，$6x-$ ㉗[　]$=x+4$ となり，$x=2$

❺ 方程式 $0.7x+2.1=0.4x$ で，両辺に10をかけて，㉘[　]$+21=4x$ となり，$x=-7$

❻ 方程式 $\dfrac{1}{2}x=\dfrac{1}{6}x+4$ で，両辺に6をかけると，$3x=$ ㉙[　]$+24$ となり，$x=12$

❼ 比例式 $x:15=4:3$ で，比例式の性質を用いて，$x\times$ ㉚[　]$=15\times4$ より，$x=20$

❽ りんごを5個買って，50円の箱につめてもらったときの代金の合計は650円であった。代金についての関係をことばの式で表すと，
（りんごの代金）+（箱代）=（代金の合計）となる。りんご1個の値段を x 円とすると，
方程式は ㉛[　]$+50=$ ㉜[　] となる。これを解くと，$x=120$ である。
したがって，りんご1個の値段は ㉝[　] 円である。

解答
①方程式　②解　③解く　④C　⑤B　⑥BC　⑦B　⑧符号
⑨移項　⑩1次方程式　⑪左辺　⑫わる　⑬かっこ　⑭整数　⑮分母
⑯分母をはらう　⑰bm　⑱$15-x$　⑲$15-x$　⑳9　㉑5　㉒-2
㉓24　㉔6　㉕6　㉖3　㉗6　㉘$7x$　㉙x　㉚3
㉛$5x$　㉜650　㉝120

23

基本問題

1 方程式の解き方

●問題● 次の方程式を解きなさい。

(1) $x+5=16$ (2) $x-7=10$

(3) $\frac{1}{3}x=-2$ (4) $5x=40$

(5) $x+3=4x-9$ (6) $6x-8=-3x+10$

解答 (1) $x+5=16$
$x=16-$ ①   ←+5を移項
$x=$ ②   ↑符号が変わる

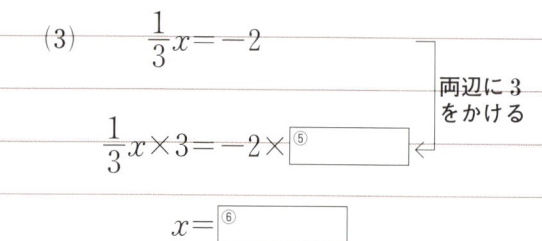

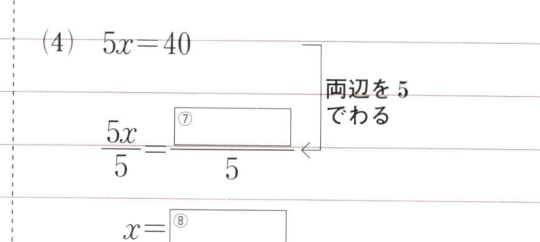

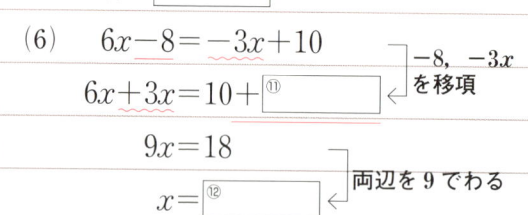

(2) $x-7=10$
$x=10+$ ③   ←−7を移項
$x=$ ④   ↑符号が変わる

(3) $\frac{1}{3}x=-2$
両辺に3をかける
$\frac{1}{3}x\times 3=-2\times$ ⑤
$x=$ ⑥

(4) $5x=40$
両辺を5でわる
$\frac{5x}{5}=\frac{⑦}{5}$
$x=$ ⑧

(5) $x+3=4x-9$
$x-4x=-9-$ ⑨   ←+3, 4xを移項
$-3x=-12$
$x=$ ⑩   ←両辺を−3でわる

(6) $6x-8=-3x+10$
$6x+3x=10+$ ⑪   ←−8, −3xを移項
$9x=18$
$x=$ ⑫   ←両辺を9でわる

2 いろいろな方程式

●問題● 次の方程式や比例式を解きなさい。

(1) $5x-3(x+1)=9$ (2) $0.3x-2.7=1.5$

(3) $\frac{1}{5}x+3=\frac{1}{6}x+2$ (4) $12:x=8:16$

解答 (1) $5x-3(x+1)=9$
かっこをはずすと
$5x-$ ⑬ $-3=9$
$5x-3x=9+$ ⑭
$2x=$ ⑮
$x=$ ⑯

(2) $0.3x-2.7=1.5$
両辺に10をかけると
$(0.3x-2.7)\times 10=1.5\times$ ⑰
$0.3x\times 10-2.7\times$ ⑱ $=1.5\times 10$
$3x-27=$ ⑲
$3x=$ ⑳
$x=$ ㉑

24

(3) $\dfrac{1}{5}x+3=\dfrac{1}{6}x+2$

両辺に30をかけると

$\left(\dfrac{1}{5}x+3\right)\times 30=\left(\dfrac{1}{6}x+2\right)\times$ ㉒

$\dfrac{1}{5}x\times$ ㉓ $+3\times 30=\dfrac{1}{6}x\times 30+2\times 30$

㉔ $+90=5x+60$

$x=$ ㉕

5と6の公倍数を考えよう。

(4) $12:x=8:16$

比例式の性質を用いると

㉖ $\times 8=12\times 16$

㉗ $=192$

$x=$ ㉘

比例式 $a:b=m:n$ で、内側の積 bm と外側の積 an は等しいことを利用して解いているよ。

3 1次方程式の文章題

●問題● 何人かで海に行き，貝がらをひろい，それらを全員で分けた。1人9個ずつ分けると5個余り，1人10個ずつ分けるには3個たりない。貝がらをひろった人は何人いたか求めなさい。

解答　貝がらをひろった人の人数を x 人とすると，ひろった貝がらの個数は，x を使って，$(9x+$ ㉙ $)$ 個　または　$(10x-$ ㉚ $)$ 個と，2通りに表すことができる。

↑余るので「+」　　　↑たりないので「−」

したがって，方程式は

$9x+5=10x-3$

$9x-10x=-3-$ ㉛

㉜ $=-8$

$x=$ ㉝　　　　　　　　　　　　　答 ㉞

解答
①5　②11　③7　④17　⑤3　⑥−6　⑦40　⑧8
⑨3　⑩4　⑪8　⑫2　⑬$3x$　⑭3　⑮12　⑯6
⑰10　⑱10　⑲15　⑳42　㉑14　㉒30　㉓30　㉔$6x$
㉕−30　㉖x　㉗$8x$　㉘24　㉙5　㉚3　㉛5　㉜$-x$
㉝8　㉞8人

25

いまの実力を確認しよう

1 次の方程式を解きなさい。

(1) $3x+2=x+1$

(2) $-3-x=4x+7$

(3) $4x-10=7(x+2)$

(4) $0.3x+5=2.4x-1.3$

(5) $\dfrac{x-1}{2}+\dfrac{x}{3}=1$

(6) $\dfrac{3x-4}{5}=\dfrac{2x-1}{3}$

解答

(1) $3x+2=x+1$
$3x\ \boxed{①}=1\ \boxed{②}$
$2x=-1$
$x=\boxed{③}$

(2) $-3-x=4x+7$
$-x\ \boxed{④}=7+3$
$-5x=10$
$x=\boxed{⑤}$

(3) $4x-10=7(x+2)$
かっこをはずすと
$4x-10=\boxed{⑥}+14$
$4x\ \boxed{⑦}=14\ \boxed{⑧}$
$-3x=24$
$x=\boxed{⑨}$

(4) $0.3x+5=2.4x-1.3$
両辺に10をかけると
$(0.3x+5)\times 10=(2.4x-1.3)\times \boxed{⑩}$
$3x+50=24x-\boxed{⑪}$
$3x\ \boxed{⑫}=-13\ \boxed{⑬}$
$-21x=-63$
$x=\boxed{⑭}$

(5) $\dfrac{x-1}{2}+\dfrac{x}{3}=1$
両辺に6をかけると
$\dfrac{x-1}{2}\times\boxed{⑮}+\dfrac{x}{3}\times 6=1\times\boxed{⑯}$
$(x-1)\times\boxed{⑰}+2x=6$
$3x-3+2x=6$
$5x=6\ \boxed{⑱}$
$x=\boxed{⑲}$

(6) $\dfrac{3x-4}{5}=\dfrac{2x-1}{3}$
両辺に15をかけると
$\dfrac{3x-4}{5}\times\boxed{⑳}=\dfrac{2x-1}{3}\times\boxed{㉑}$
$(3x-4)\times\boxed{㉒}=(2x-1)\times\boxed{㉓}$
$9x-12=10x-5$
$9x\ \boxed{㉔}=-5\ \boxed{㉕}$
$-x=7$
$x=\boxed{㉖}$

2 次の方程式の解が $x=2$ であるとき，a の値を求めなさい。

$$\frac{1}{3}ax+\frac{1}{3}=x+a$$

[解答] 方程式に $x=2$ を代入すると，

$$\frac{1}{3}a\times\boxed{㉗}+\frac{1}{3}=\boxed{㉘}+a$$

$$\frac{2}{3}a+\frac{1}{3}=2+a$$

$$\frac{2}{3}a-a=2-\frac{1}{3}$$

$$-\frac{1}{3}a=\frac{5}{3}$$

$$a=\boxed{㉙}$$

答　$a=\boxed{㉚}$

3 八百屋が，仕入れたりんごをある枚数の皿にのせて店頭に並べようとしたとき，皿1枚につき3個ずつのせると，りんごは12個余り，次に皿1枚につき4個ずつのせると，すべての皿にのせるためには，りんごは8個不足することがわかった。皿の枚数とりんごの個数を求めなさい。

[解答] 皿の枚数を x 枚とすると，りんごの個数は
皿1枚につき3個ずつのせたときは，$(3x\boxed{㉛})$ 個，
皿1枚につき4個ずつのせたときは，$(4x-8)$ 個
と表される。したがって，$3x\boxed{㉜}12=4x-8$

$$3x-4x=-8\boxed{㉝}$$

$$x=20$$

これより，皿の枚数は $\boxed{㉞}$ 枚で，りんごの個数は $3x+12$ に $x=20$ を代入すると，
$3\times20+12=\boxed{㉟}$（個）

答　皿 $\boxed{㊱}$ ，りんご $\boxed{㊲}$

○解答

① $-x$　② -2　③ $-\frac{1}{2}$　④ $-4x$　⑤ -2　⑥ $7x$　⑦ $-7x$　⑧ $+10$
⑨ -8　⑩ 10　⑪ 13　⑫ $-24x$　⑬ -50　⑭ 3　⑮ 6　⑯ 6
⑰ 3　⑱ $+3$　⑲ $\frac{9}{5}$　⑳ 15　㉑ 15　㉒ 3　㉓ 5　㉔ $-10x$
㉕ $+12$　㉖ -7　㉗ 2　㉘ 2　㉙ -5　㉚ -5　㉛ $+12$　㉜ $+$
㉝ -12　㉞ 20　㉟ 72　㊱ 20枚　㊲ 72個

5 連立方程式

用語チェック

- $x+y=5$ のような**2つの文字**をふくむ1次方程式を，〔①　　　　　〕という。
- 2元1次方程式を成り立たせる**数の値の組**を，2元1次方程式の〔②　　　　　〕という。
- $\begin{cases} 2x+y=8 \\ x+y=5 \end{cases}$ のように，2つ以上の**方程式**を組み合わせたものを，〔③　　　　　〕という。また，組み合わせたどの方程式も成り立たせるような**文字の値の組**を，連立方程式の〔④　　　　　〕といい，解を求めることを，連立方程式を〔⑤　　　　　〕という。
- 連立方程式 $\begin{cases} 2x+y=8 \cdots ① \\ x+y=5 \cdots ② \end{cases}$ を解くとき，①の両辺から②の両辺をひくと $x=3$ となり，$x=3$ を②に代入すると $y=2$ のように解が求められる。このように，文字 y をふくむ2つの方程式から，y をふくまない1つの方程式をつくることを，〔⑥　　〕を〔⑦　　　　　〕という。

> **2元1次方程式**
> $x+y=5$ ─ 文字が2つ
> $x=1, y=4$ は上の式を成り立たせる
> ➡ $x=1, y=4$ は解
>
> **連立方程式**
> $\begin{cases} 2x+y=8 \\ x+y=5 \end{cases}$
> $x=3, y=2$ は2つの式を成り立たせる
> ➡ $x=3, y=2$ は解
>
> ①　　 $2x+y=8$
> ② －) $x+y=5$
> 　　　　$x\ \ \ =3$
> $x=3$ を②に代入
> ➡ $3+y=5$, $y=2$
> 解は $x=3$, $y=2$

要点チェック

1 連立方程式の解き方

- 連立方程式 $\begin{cases} x+2y=2 \cdots ① \\ 2x+3y=8 \cdots ② \end{cases}$ を解くとき，たとえば，x の係数の〔⑧　　　　〕をそろえ，左辺どうし，右辺どうしをひいて，x を消去して解く右のような方法を，〔⑨　　　　　〕という。

- 連立方程式 $\begin{cases} 5x+2y=4 \cdots ① \\ y=x-5 \cdots ② \end{cases}$ を解くとき，②では，y と $x-5$ が等しいから，①の y に 〔⑩　　　　〕を代入すれば，①の 〔⑪　　　　〕が消去される。②の式を①の式に代入することによって y を消去して解く右のような方法を，〔⑫　　　　　〕という。

> ①×2　　$2x+4y=4$
> ②　－) $2x+3y=8$
> 　　　　　　　$y=-4$
> $y=-4$ を①に代入
> ➡ $x-8=2$, $x=10$
> 解は $x=10$, $y=-4$
>
> ②を①に代入すると
> $5x+2(x-5)=4$
> これを解くと $x=2$
> $x=2$ を②に代入
> ➡ $y=2-5=-3$
> 解は $x=2$, $y=-3$

② 連立方程式の文章題の解き方

> 50円のみかんと120円のりんごを合わせて10個買ったときの代金は920円であった。みかんとりんごをそれぞれ何個買ったか求めなさい。

〔解き方〕 みかんを x 個, りんごを y 個買ったとすると

個数の関係から　$x+y=$ ⬜︎⁽¹³⁾ …①

代金の関係から　$50x+$ ⬜︎⁽¹⁴⁾ $=$ ⬜︎⁽¹⁵⁾ …②

❶ どの数量を文字で表すかを決める。
❷ 数量の間の関係を2つみつけ, 2つの方程式をつくる。

$$\begin{array}{rl}①\times 5 & 5x+\ 5y=50\\ ②\div 10\ -) & 5x+12y=92\\ \hline & -7y=-42\end{array}$$

$y=$ ⬜︎⁽¹⁶⁾

❸ 2つの方程式を組にした連立方程式を解いて, 問題の答を求める。

$y=6$ を①に代入して整理すると $x=4$

よって, みかんを4個, りんごを6個買った。

確認問題

❶ 連立方程式 $\begin{cases}2x-3y=8 & \cdots ① \\ 4x+5y=-6 & \cdots ②\end{cases}$ を加減法で解くとき, x を消去するには, ①× ⬜︎⁽¹⁷⁾ −②を計算すればよい。

❷ 連立方程式 $\begin{cases}7x-8y=-11 & \cdots ① \\ 9x+5y=47 & \cdots ②\end{cases}$ を加減法で解くとき, y を消去するには, ①×5+②× ⬜︎⁽¹⁸⁾ を計算すればよい。

❸ 連立方程式 $\begin{cases}2x+3y=23 & \cdots ① \\ y=x+1 & \cdots ②\end{cases}$ を代入法で解くとき, y を消去するには, ①の ⬜︎⁽¹⁹⁾ に ⬜︎⁽²⁰⁾ を代入すればよい。

❹ 70円の鉛筆と100円の色鉛筆を合わせて12本買ったときの代金は1050円であった。鉛筆を x 本, 色鉛筆を y 本買ったとする。本数の関係から方程式をつくると ⬜︎⁽²¹⁾ $=12$, 代金の関係から方程式をつくると ⬜︎⁽²²⁾ $=1050$ となる。この2つの方程式を組にした連立方程式を解くと, $x=5, y=7$ である。したがって, 鉛筆を ⬜︎⁽²³⁾ 本, 色鉛筆を ⬜︎⁽²⁴⁾ 本買った。

解答
①2元1次方程式　②解　③連立方程式　④解　⑤解く
⑥y　⑦消去する　⑧絶対値　⑨加減法　⑩$x-5$　⑪y　⑫代入法
⑬10　⑭$120y$　⑮920　⑯6　⑰2　⑱8　⑲y
⑳$x+1$　㉑$x+y$　㉒$70x+100y$　㉓5　㉔7

基本問題

1 連立方程式の解き方

●問題● 次の連立方程式を解きなさい。

(1) $\begin{cases} 3x+y=-3 \\ 5x-2y=-16 \end{cases}$ (2) $\begin{cases} 2x+7y=3 \\ 3x-8y=23 \end{cases}$ (3) $\begin{cases} x=-4y+3 \\ 2x-y=-21 \end{cases}$ (4) $\begin{cases} y=3x-9 \\ y=-x+15 \end{cases}$

[解答] (1) $\begin{cases} 3x+y=-3 &\cdots① \\ 5x-2y=-16 &\cdots② \end{cases}$

①×2　　[①]　$+2y=-6$
②　　+)　$5x-2y=-16$
　　　　$11x=$ [②]
　　　　　　　$x=$ [③]

$x=-2$ を①に代入すると
$3\times($ [④] $)+y=-3$
　　　　　　　$y=$ [⑤]

答　$x=$ [⑥] ，$y=$ [⑦]

(2) $\begin{cases} 2x+7y=3 &\cdots① \\ 3x-8y=23 &\cdots② \end{cases}$

①×3　　　$6x+$ [⑧] $=9$
②×2　-)　$6x-16y=46$
　　　　　　$37y=$ [⑨]
　　　　　　　$y=$ [⑩]

$y=-1$ を①に代入すると
$2x+7\times($ [⑪] $)=3$
$2x=10$　$x=$ [⑫]

答　$x=$ [⑬] ，$y=$ [⑭]

(3) $\begin{cases} x=-4y+3 &\cdots① \\ 2x-y=-21 &\cdots② \end{cases}$

①を②に代入すると
$2($ [⑮] $)-y=-21$
$-8y+6-y=-21$
$-9y=$ [⑯]
$y=$ [⑰]

$y=3$ を①に代入すると
$x=-4\times$ [⑱] $+3=$ [⑲]

答　$x=$ [⑳] ，$y=$ [㉑]

(4) $\begin{cases} y=3x-9 &\cdots① \\ y=-x+15 &\cdots② \end{cases}$

①を②に代入すると
[㉒] $-9=-x+15$
$3x+x=15+9$
$4x=$ [㉓]
$x=$ [㉔]

$x=6$ を②に代入すると
$y=-$ [㉕] $+15=$ [㉖]

答　$x=$ [㉗] ，$y=$ [㉘]

2 いろいろな連立方程式

●問題● 次の連立方程式を解きなさい。

(1) $\begin{cases} 3(x-y)=x+1 \\ 5x-7y=3 \end{cases}$ (2) $\begin{cases} 0.8x-0.3y=1.2 \\ 2x+9y=42 \end{cases}$

解答

(1) $\begin{cases} 3(x-y)=x+1 \cdots ① \\ 5x-7y=3 \quad \cdots ② \end{cases}$

①のかっこをはずすと

$3x-$ ㉙□ $=x+1$

$2x-3y=1 \cdots ①'$

①$'\times 5$　　㉚□ $-15y=5$

②$\times 2$　$-)$　$10x-14y=6$

$-y=-1$

$y=$ ㉛□

$y=1$ を①$'$ に代入すると

$2x-3\times$ ㉜□ $=1$　$x=$ ㉝□

答　$x=$ ㉞□，$y=$ ㉟□

(2) $\begin{cases} 0.8x-0.3y=1.2 \cdots ① \\ 2x+9y=42 \quad \cdots ② \end{cases}$

①の両辺に10をかけると

㊱□ $-3y=12 \cdots ①'$

①$'\times 3$　㊲□ $-9y=36$

②　　$+)$　$2x+9y=42$

$26x \quad =78$

$x=$ ㊳□

$x=3$ を②に代入すると

$2\times$ ㊴□ $+9y=42$

$9y=36$　$y=$ ㊵□

答　$x=$ ㊶□，$y=$ ㊷□

3　連立方程式の文章題

問題　モンブラン 4 個とエクレア 5 個の代金の合計は2000円，モンブラン 6 個とエクレア 3 個の代金の合計は2100円であった。モンブラン 1 個とエクレア 1 個の値段はそれぞれ何円か求めなさい。

解答　モンブラン 1 個の値段を x 円，エクレア 1 個の値段を y 円とすると

㊸□ $+5y=2000 \cdots ①$
（モンブラン 4 個　↑ エクレア 5 個）

$6x+$ ㊹□ $=2100 \cdots ②$
（モンブラン 6 個　↑ エクレア 3 個）

①$\times 3$　㊺□ $+15y=6000$

②$\times 2$　$-)$　$12x+6y=4200$

$9y=1800$

$y=$ ㊻□

$y=200$ を①に代入すると

$4x+5\times$ ㊼□ $=2000$

$4x=1000$

$x=$ ㊽□

答　モンブラン 1 個 ㊾□
　　エクレア 1 個 ㊿□

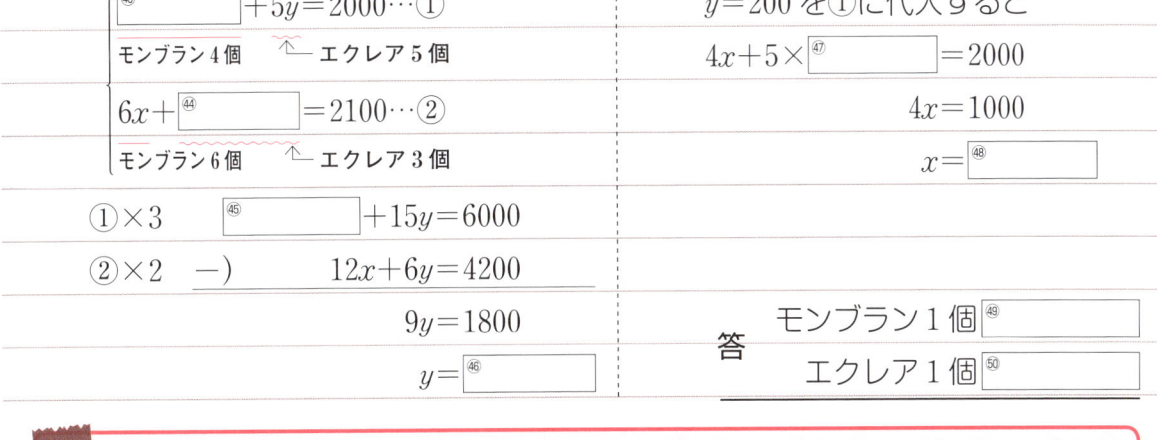

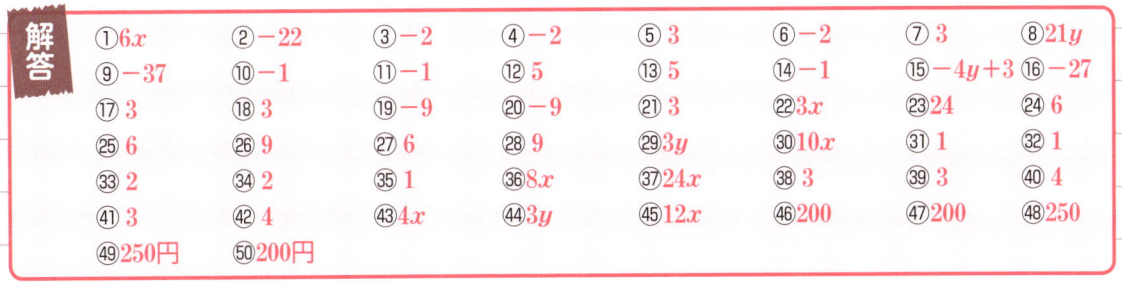

解答

①$6x$　②-22　③-2　④-2　⑤$3$　⑥-2　⑦$3$　⑧$21y$
⑨-37　⑩-1　⑪-1　⑫5　⑬5　⑭-1　⑮$-4y+3$　⑯-27
⑰3　⑱3　⑲-9　⑳-9　㉑3　㉒$3x$　㉓24　㉔6
㉕6　㉖9　㉗6　㉘9　㉙$3y$　㉚$10x$　㉛1　㉜1
㉝2　㉞2　㉟1　㊱$8x$　㊲$24x$　㊳3　㊴3　㊵4
㊶3　㊷4　㊸$4x$　㊹$3y$　㊺$12x$　㊻200　㊼200　㊽250
㊾250円　㊿200円

いまの実力を確認しよう

1 次の連立方程式を解きなさい。

(1) $\begin{cases} 2x-9y=-17 \\ -x+3y=4 \end{cases}$

(2) $\begin{cases} 3x+2y=1 \\ 4x-3y=-10 \end{cases}$

(3) $\begin{cases} x-\dfrac{y}{2}=11 \\ \dfrac{x}{3}+y=-1 \end{cases}$

(4) $\underset{A}{4x+5y}=\underset{B}{3x+2y}=\underset{C}{14}$

解答 (1) $\begin{cases} 2x-9y=-17 \cdots ① \\ -x+3y=4 \cdots ② \end{cases}$

① $\qquad 2x-9y=-17$
②×2 +) $\boxed{①}+6y=8$
$\qquad\qquad \boxed{②}=-9$
$\qquad\qquad\qquad y=\boxed{③}$

$y=3$ を②に代入すると
$-x+3\times\boxed{④}=4$
$-x=-5 \qquad x=\boxed{⑤}$

答 $x=\boxed{⑥}$, $y=\boxed{⑦}$

(2) $\begin{cases} 3x+2y=1 \cdots ① \\ 4x-3y=-10 \cdots ② \end{cases}$

①×3 $\boxed{⑧}+6y=3$
②×2 +) $\qquad 8x-6y=-20$
$\boxed{⑨}=-17$
$\qquad\qquad x=\boxed{⑩}$

$x=-1$ を①に代入すると
$3\times(\boxed{⑪})+2y=1$
$2y=4 \qquad y=\boxed{⑫}$

答 $x=\boxed{⑬}$, $y=\boxed{⑭}$

(3) $\begin{cases} x-\dfrac{y}{2}=11 \cdots ① \\ \dfrac{x}{3}+y=-1 \cdots ② \end{cases}$

①×2，②×3 をそれぞれ計算する。
$\begin{cases} 2x-\boxed{⑮}=22 \cdots ①' \\ x+3y=-3 \qquad \cdots ②' \end{cases}$

①′ $\qquad 2x-y=22$
②′×2 −) $\boxed{⑯}+6y=-6$
$\qquad\qquad -7y=\boxed{⑰}$
$\qquad\qquad\qquad y=\boxed{⑱}$

②′に代入して整理すると $x=\boxed{⑲}$

答 $x=\boxed{⑳}$, $y=\boxed{㉑}$

(4) $\begin{cases} 4x+5y=14 \cdots ① \\ 3x+2y=14 \cdots ② \end{cases}$ ← $A=B=C$ から $\begin{cases} A=C \\ B=C \end{cases}$ の形の方程式をつくる

①×2 $\boxed{㉒}+10y=28$
②×5 −) $\qquad 15x+10y=\boxed{㉓}$
$\boxed{㉔}=-42$
$\qquad\qquad x=\boxed{㉕}$

$x=6$ を②に代入すると
$3\times\boxed{㉖}+2y=14$
$2y=-4$
$y=\boxed{㉗}$

答 $x=\boxed{㉘}$, $y=\boxed{㉙}$

2 連立方程式 $\begin{cases} ax+by=9 \\ 2bx-ay=-6 \end{cases}$ の解が，$x=1$，$y=2$ であるとき，a，b の値を求めなさい。

[解答] 連立方程式に $x=1$，$y=2$ を代入すると

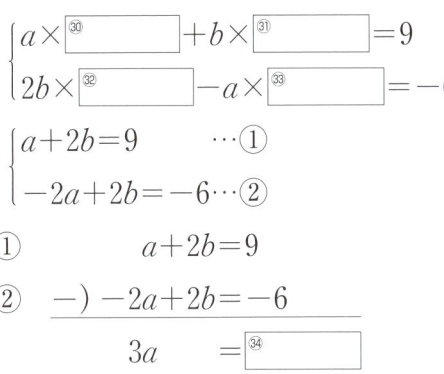

3 ある展覧会の入場料は，おとな1人250円，子ども1人100円である。ある日の入場者の総数は170人で，入場料の合計が27200円であった。この日のおとなと子どもの入場者数は，それぞれ何人か求めなさい。

[解答] おとなの入場者数を x 人，子どもの入場者数を y 人とすると

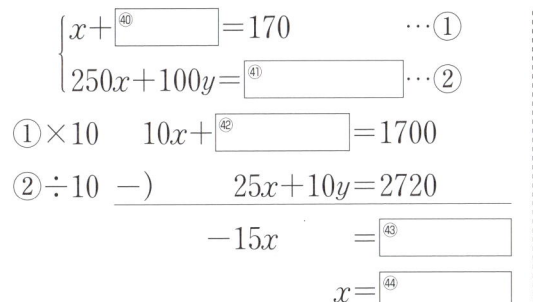
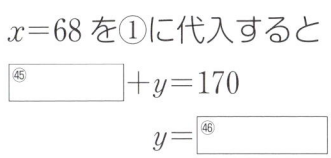
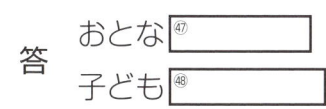

○解答

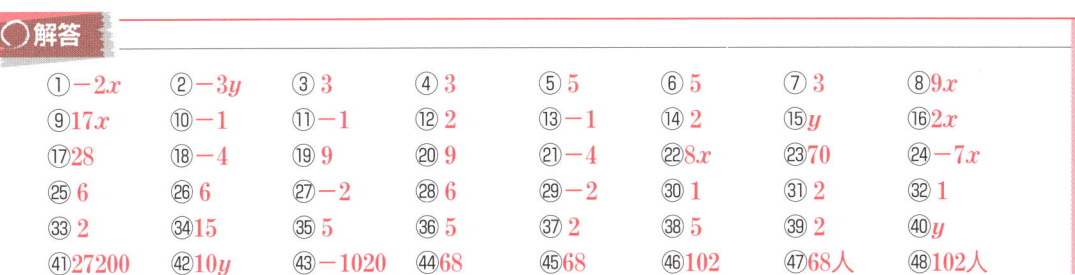

6 比例と反比例, 1次関数

用語チェック

- ともなって変わる2つの数量 x, y があり, x の値を決めると, それにともなって y の値も<u>ただ1つ決まる</u>とき, y は x の〔①　　　〕であるという。
- いろいろな値をとる文字を〔②　　　〕といい, 変数のとりうる値の範囲を〔③　　　〕という。
- y が x の関数で, x と y の関係が $y = ax$ で表されるとき, y は x に〔④　　　〕するという。
- y が x の関数で, x と y の関係が $y = \dfrac{a}{x}$ で表されるとき, y は x に〔⑤　　　〕するという。
- y が x の関数で, y が x の1次式で表されるとき, y は x の〔⑥　　　〕であるという。
- 1次関数 $y = ax + b$ のグラフは, a が〔⑦　　　〕, b が〔⑧　　　〕の直線である。

変域　$-1 \leq x \leq 5$　←変数
不等号を使って表す

比例　$y = ax$　←比例定数

反比例　$y = \dfrac{a}{x}$　←比例定数

1次関数
$y = ax + b$　←定数の部分
　↑
x に比例する部分

要点チェック

1 座標

- 右の図で, 横の直線を〔⑨　　　〕軸, 縦の直線を〔⑩　　　〕軸, この2つの軸の<u>交点</u>Oを〔⑪　　　〕という。
- 右の図で, 点Pの位置は, P(4, 3)と表すことができ, 4をPの x 座標, 3をPの〔⑫　　　〕という。

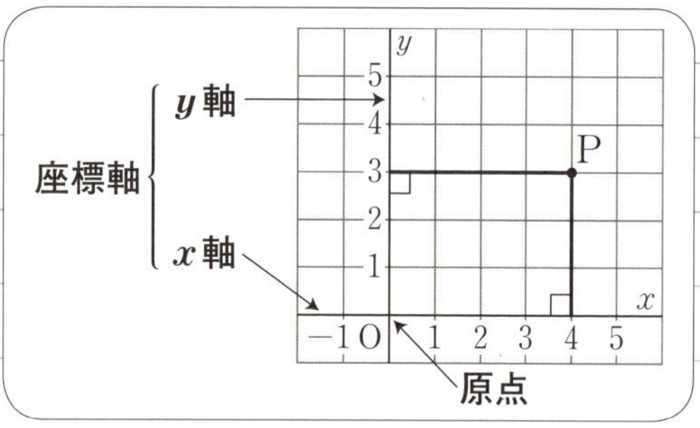

座標軸 { y 軸, x 軸 }　原点

2 比例・反比例のグラフ

- 比例 $y = ax$ のグラフは, 〔⑬　　　〕を通る<u>直線</u>である。

- 反比例 $y = \dfrac{a}{x}$ のグラフは, なめらかな2つの<u>曲線</u>になり, この曲線は〔⑭　　　〕とよばれる。

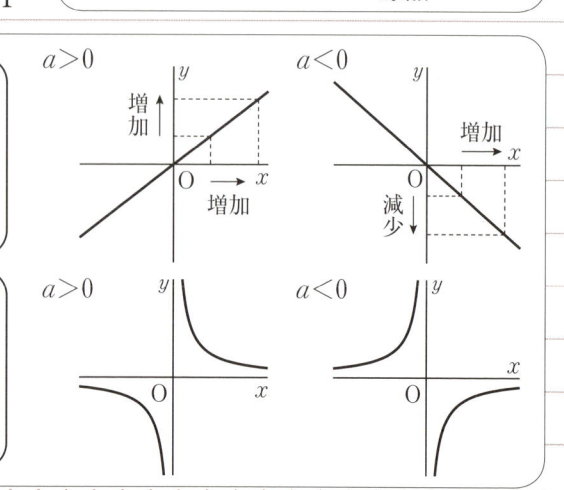

3 変化の割合

・1次関数 $y=ax+b$ では，変化の割合は〔⑮　　　〕で，〔⑯　　〕に等しい。

$$(\text{変化の割合})=\frac{(⑰\boxed{}\text{の増加量})}{(⑱\boxed{}\text{の増加量})}=a$$

4 1次関数 $y=ax+b$ のグラフと増減

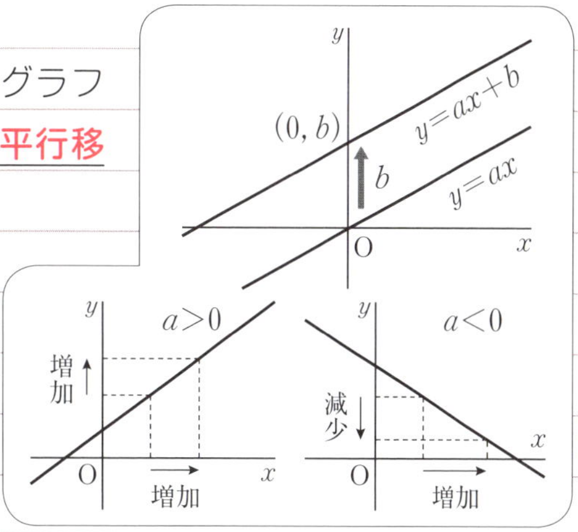

・1次関数 $y=ax+b$ のグラフは，$y=ax$ のグラフを〔⑲　　　〕の正の方向に〔⑳　　〕だけ**平行移動**させた直線である。

・$a>0$ のとき　x が増加すると y も**増加する**。グラフは〔㉑　　　　〕の直線になる。

・$a<0$ のとき　x が増加すると y は〔㉒　　　〕する。

グラフは〔㉓　　　　〕の直線になる。

5 2元1次方程式のグラフ

・2元1次方程式 $ax+by+c=0$（a，b，c は定数）のグラフは〔㉔　　　〕になる。

・$y=k$ のグラフは，〔㉕　　　〕に平行な直線，
$x=h$ のグラフは，〔㉖　　　〕に平行な直線になる。

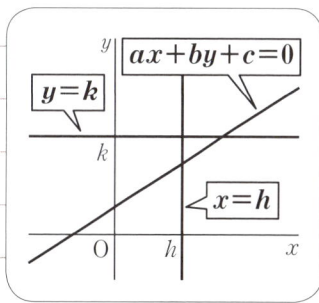

確認問題

❶ 比例 $y=3x$ で，$x=-4$ のときの y の値は，$y=3\times$(㉗____)＝㉘____

❷ 反比例 $y=-\dfrac{12}{x}$ で，$x=6$ のときの y の値は，$y=-\dfrac{12}{㉙____}$＝㉚____

❸ 1次関数 $y=5x+2$ の変化の割合は㉛____。

❹ 1次関数 $y=-3x+1$ のグラフは，傾きが㉜____，切片が㉝____の直線になる。

❺ $y=4$ のグラフは，点(0，㉞____)を通り，〔㉟　　　〕に平行な直線である。

解答

①関数	②変数	③変域	④比例	⑤反比例	⑥1次関数	⑦傾き
⑧切片	⑨ x	⑩ y	⑪原点	⑫ y 座標	⑬原点	⑭双曲線
⑮一定	⑯ a	⑰ y	⑱ x	⑲ y 軸	⑳ b	㉑右上がり
㉒減少	㉓右下がり	㉔直線	㉕ x 軸	㉖ y 軸	㉗ -4	㉘ -12
㉙ 6	㉚ -2	㉛ 5	㉜ -3	㉝ 1	㉞ 4	㉟ x 軸

関数

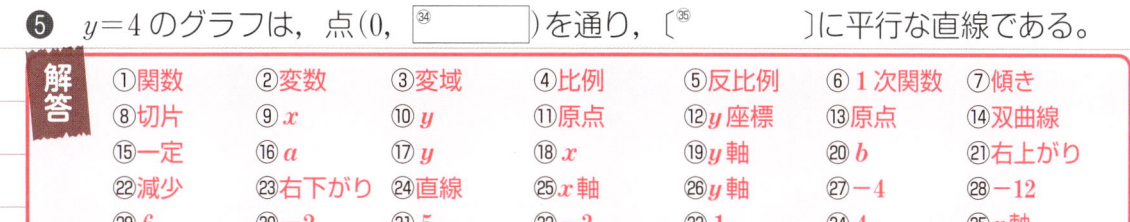

基本問題

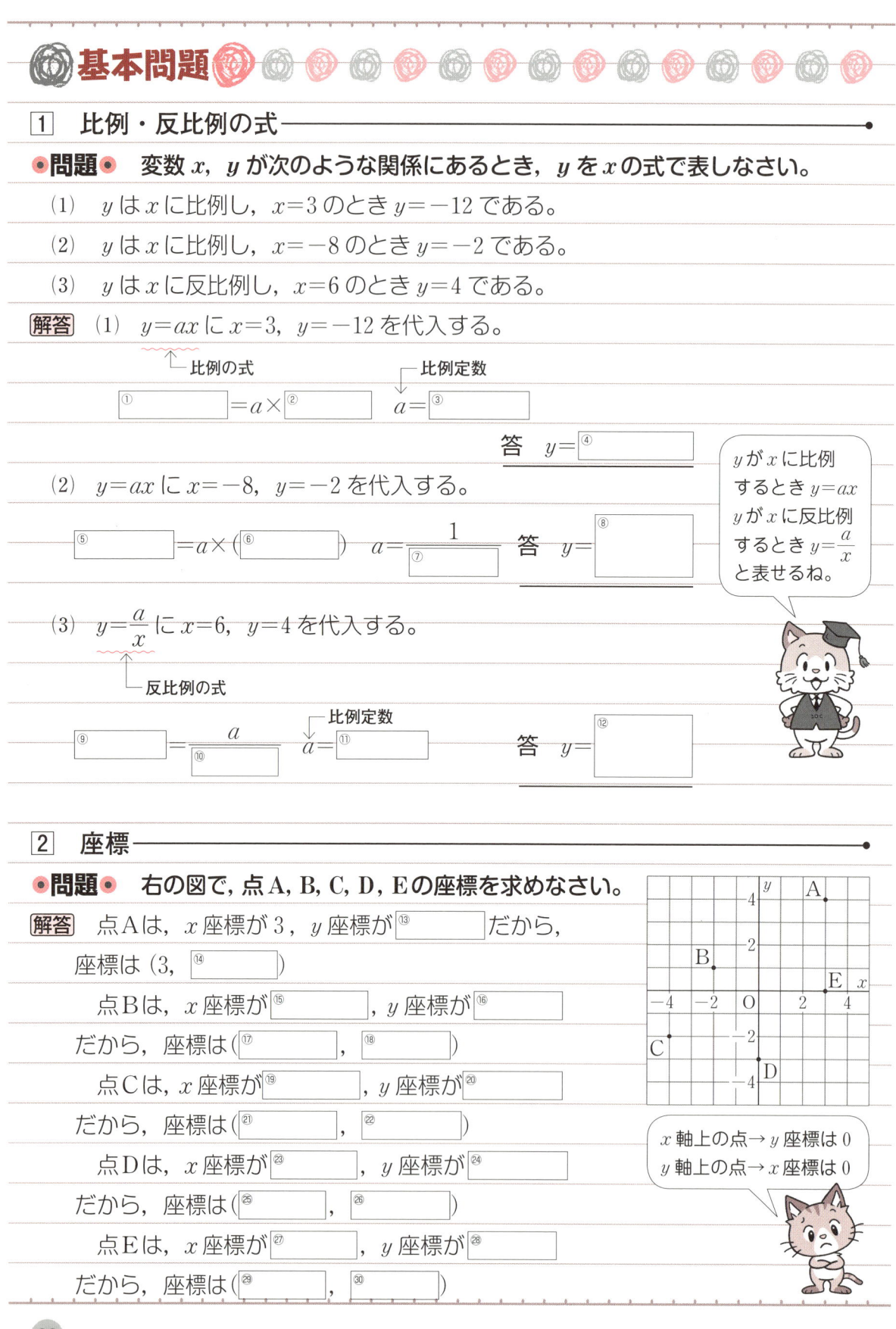

1 比例・反比例の式

●問題● 変数 x, y が次のような関係にあるとき,y を x の式で表しなさい。

(1) y は x に比例し,$x=3$ のとき $y=-12$ である。

(2) y は x に比例し,$x=-8$ のとき $y=-2$ である。

(3) y は x に反比例し,$x=6$ のとき $y=4$ である。

解答 (1) $y=ax$ に $x=3$,$y=-12$ を代入する。
↑比例の式   ↑比例定数

① $\boxed{}=a\times$ ② $\boxed{}$　$a=$ ③ $\boxed{}$

答　$y=$ ④ $\boxed{}$

> y が x に比例するとき $y=ax$
> y が x に反比例するとき $y=\dfrac{a}{x}$
> と表せるね。

(2) $y=ax$ に $x=-8$,$y=-2$ を代入する。

⑤ $\boxed{}=a\times($ ⑥ $\boxed{})$　$a=\dfrac{1}{\text{⑦}}$　答　$y=$ ⑧ $\boxed{}$

(3) $y=\dfrac{a}{x}$ に $x=6$,$y=4$ を代入する。
↑反比例の式

⑨ $\boxed{}=\dfrac{a}{\text{⑩}}$　↑比例定数 $a=$ ⑪ $\boxed{}$　答　$y=$ ⑫ $\boxed{}$

2 座標

●問題● 右の図で,点 A,B,C,D,E の座標を求めなさい。

解答 点 A は,x 座標が 3,y 座標が ⑬ $\boxed{}$ だから,

座標は (3, ⑭ $\boxed{}$)

点 B は,x 座標が ⑮ $\boxed{}$,y 座標が ⑯ $\boxed{}$

だから,座標は (⑰ $\boxed{}$,⑱ $\boxed{}$)

点 C は,x 座標が ⑲ $\boxed{}$,y 座標が ⑳ $\boxed{}$

だから,座標は (㉑ $\boxed{}$,㉒ $\boxed{}$)

点 D は,x 座標が ㉓ $\boxed{}$,y 座標が ㉔ $\boxed{}$

だから,座標は (㉕ $\boxed{}$,㉖ $\boxed{}$)

点 E は,x 座標が ㉗ $\boxed{}$,y 座標が ㉘ $\boxed{}$

だから,座標は (㉙ $\boxed{}$,㉚ $\boxed{}$)

> x 軸上の点 → y 座標は 0
> y 軸上の点 → x 座標は 0

3 比例・反比例のグラフ

●問題● 次の比例や反比例のグラフをかきなさい。

(1) $y=\dfrac{3}{2}x$ (2) $y=-\dfrac{6}{x}$

解答 (1) $y=\dfrac{3}{2}x$ は，x の値が 2 のとき，y の値は ③¹□ だから，グラフは原点と点 (2, ③²□) を通る直線。

(2) 対応する x，y の値を求めて点をとり，曲線で結ぶ。

x	…	-6	-3	-2	-1	0	1	2	3	6	…
y	…	1	2	³³□	6	×	³⁴□	-3	-2	-1	…

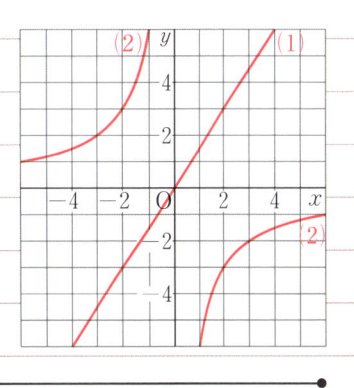

4 グラフの形と式の関係

●問題● 右の(1)，(2)，(3)のグラフを表す式を，次のア～カから選びなさい。

ア $y=-\dfrac{1}{2}x$ イ $y=\dfrac{2}{3}x$ ウ $y=\dfrac{3}{2}x$

エ $y=-2x$ オ $y=\dfrac{4}{x}$ カ $y=-\dfrac{4}{x}$

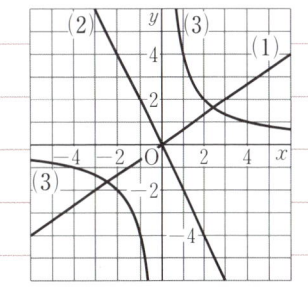

解答 (1) グラフは，〔³⁵　〕を通り，右上がりの直線。$y=ax$ で，$x=$ ³⁶□ のとき $y=2$ だから，グラフの傾きは ³⁷□ となる。　答 ³⁸□

(2) グラフは，〔³⁹　〕を通り，〔⁴⁰　〕の直線。$y=ax$ で，$x=$ ⁴¹□ のとき $y=2$ だから，傾きは ⁴²□ となる。　答 ⁴³□

(3) グラフは，〔⁴⁴　〕である。$y=\dfrac{a}{x}$ で，$x=1$ のとき $y=$ ⁴⁵□ だから，$a=$ ⁴⁶□ となる。　答 ⁴⁷□

解答

① -12 ② 3 ③ -4 ④ $-4x$ ⑤ -2 ⑥ -8 ⑦ 4 ⑧ $\dfrac{1}{4}x$ ⑨ 4 ⑩ 6
⑪ 24 ⑫ $\dfrac{24}{x}$ ⑬ 4 ⑭ 4 ⑮ -2 ⑯ 1 ⑰ -2 ⑱ 1 ⑲ -4 ⑳ -2
㉑ -4 ㉒ -2 ㉓ 0 ㉔ -3 ㉕ 0 ㉖ -3 ㉗ 3 ㉘ 0 ㉙ 3 ㉚ 0
㉛ 3 ㉜ 3 ㉝ 3 ㉞ -6 ㉟ 原点 ㊱ 3 ㊲ $\dfrac{2}{3}$ ㊳ イ ㊴ 原点
㊵ 右下がり ㊶ -1 ㊷ -2 ㊸ エ ㊹ 双曲線 ㊺ 4 ㊻ 4 ㊼ オ

基本問題

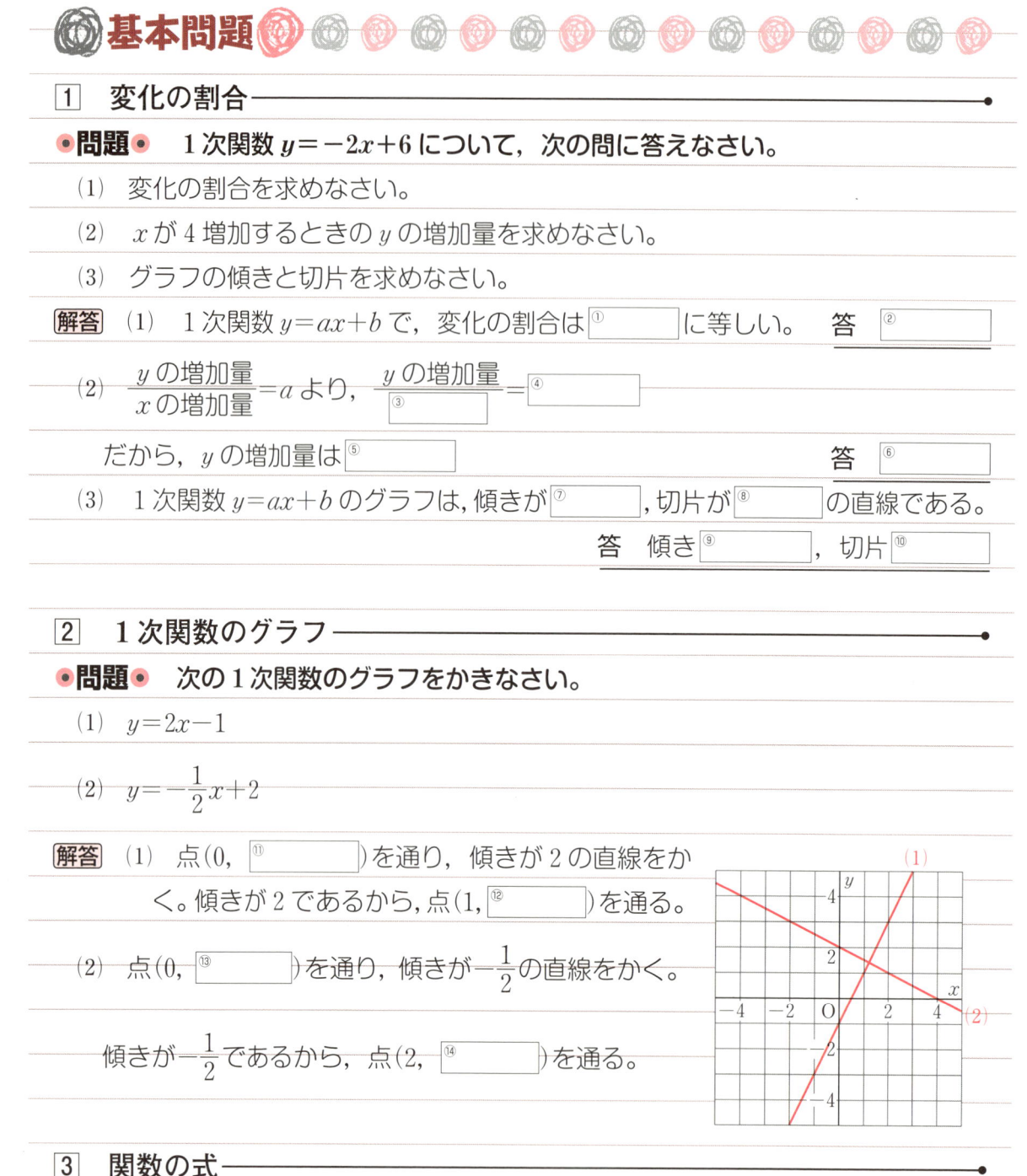

1 変化の割合

●問題● 1次関数 $y=-2x+6$ について，次の問に答えなさい。

(1) 変化の割合を求めなさい。

(2) x が4増加するときの y の増加量を求めなさい。

(3) グラフの傾きと切片を求めなさい。

[解答] (1) 1次関数 $y=ax+b$ で，変化の割合は ① ＿＿＿ に等しい。　答 ② ＿＿＿

(2) $\dfrac{y の増加量}{x の増加量}=a$ より，$\dfrac{y の増加量}{③ ＿＿＿}=$ ④ ＿＿＿

だから，y の増加量は ⑤ ＿＿＿　　　　　　　　答 ⑥ ＿＿＿

(3) 1次関数 $y=ax+b$ のグラフは，傾きが ⑦ ＿＿＿ ，切片が ⑧ ＿＿＿ の直線である。

答　傾き ⑨ ＿＿＿ ，切片 ⑩ ＿＿＿

2 1次関数のグラフ

●問題● 次の1次関数のグラフをかきなさい。

(1) $y=2x-1$

(2) $y=-\dfrac{1}{2}x+2$

[解答] (1) 点(0, ⑪ ＿＿＿)を通り，傾きが2の直線をかく。傾きが2であるから，点(1, ⑫ ＿＿＿)を通る。

(2) 点(0, ⑬ ＿＿＿)を通り，傾きが $-\dfrac{1}{2}$ の直線をかく。

傾きが $-\dfrac{1}{2}$ であるから，点(2, ⑭ ＿＿＿)を通る。

3 関数の式

●問題● 次の1次関数の式を求めなさい。

(1) グラフの傾きが－4で，切片が6である。

(2) 変化の割合が6で，$x=2$ のとき $y=7$ となる。

(3) グラフが2点 $(-1, 3)$，$(7, -5)$ を通る。

解答 求める1次関数の式を $y=ax+b$ とする。

(1) 傾き $a=$ ⑮ , 切片 $b=$ ⑯ である。　　答 ⑰

(2) 変化の割合 $a=6$ であるから, $y=$ ⑱ $x+b$ に $x=2$, $y=$ ⑲ を代入して, ⑳ $=$ ㉑ $\times 2+b$　$b=$ ㉒　　答 ㉓

(3) 2点の座標を式に代入して,

$\begin{cases} ㉔ = -a+b & \cdots ① \\ ㉕ = ㉖ a+b & \cdots ② \end{cases}$

①, ②を連立方程式として解く。

①−②より, ㉗ $=-8a$

$a=$ ㉘

> 傾き $a=\dfrac{-5-3}{7-(-1)}=-1$ と, 傾きを先に求めてから解いてもいいよ。

これを①に代入すると

$3=-1\times($ ㉙ $)+b$　$b=$ ㉚　　答 ㉛

4 2元1次方程式のグラフ

●問題● 次の方程式のグラフを, 右の図のア〜エから選びなさい。

(1) $4x+2y-6=0$

(2) $5x+20=0$

(3) $3y-9=0$

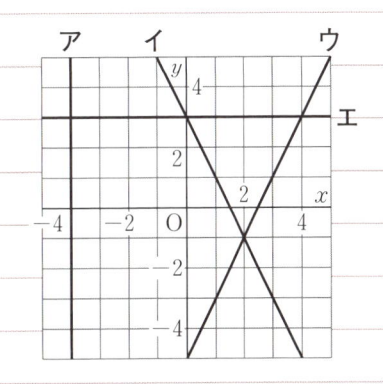

解答 (1) y について解くと, $2y=$ ㉜ $+6$　$y=$ ㉝ $+3$ だから, 傾き ㉞ , 切片3のグラフを選ぶ。　　答 ㉟

(2) 式を $x=\sim$ の形に変形すると, $5x=$ ㊱　$x=$ ㊲ だから, 点(㊳ , 0)を通り, 〔 ㊴ 〕に平行な直線を選ぶ。　　答 ㊵

(3) 式を $y=\sim$ の形に変形すると, $3y=$ ㊶　$y=$ ㊷ だから, 点(0, ㊸)を通り, 〔 ㊹ 〕に平行な直線を選ぶ。　　答 ㊺

解答
① a　② -2　③ 4　④ -2　⑤ -8　⑥ -8　⑦ a　⑧ b　⑨ -2　⑩ 6
⑪ -1　⑫ 1　⑬ 2　⑭ 1　⑮ -4　⑯ 6　⑰ $y=-4x+6$　⑱ 6　⑲ 7
⑳ 7　㉑ 6　㉒ -5　㉓ $y=6x-5$　㉔ 3　㉕ -5　㉖ 7　㉗ 8　㉘ -1
㉙ -1　㉚ 2　㉛ $y=-x+2$　㉜ $-4x$　㉝ $-2x$　㉞ -2　㉟ イ　㊱ -20　㊲ -4
㊳ -4　㊴ y軸　㊵ ア　㊶ 9　㊷ 3　㊸ 3　㊹ x軸　㊺ エ

いまの実力を確認しよう

1 次の問に答えなさい。

(1) y は x に比例し，$x=2$ のとき $y=6$ である。$x=4$ のときの y の値を求めなさい。

(2) 関数 $y=\dfrac{a}{x}$（a は定数）のグラフ上に2点 A$(4, 4)$，B$(b, -8)$ があるとき，b の値を求めなさい。

解答 (1) 比例の式 $y=ax$ に，$x=2$，$y=6$ を代入すると，

$\boxed{①}=a\times\boxed{②}$　$a=3$

よって，式は $y=\boxed{③}$

この式に $x=4$ を代入して，

$y=\boxed{④}\times 4=\boxed{⑤}$　　　　　答　$y=\boxed{⑥}$

(2) $y=\dfrac{a}{x}$ に，$x=4$，$y=\boxed{⑦}$ を代入すると，$\boxed{⑧}=\dfrac{a}{4}$　$a=16$

よって，式は $y=\dfrac{\boxed{⑨}}{x}$

この式に $x=b$，$y=-8$ を代入して，

$\boxed{⑩}=\dfrac{16}{b}$　$b=\boxed{⑪}$　　　　　答　$b=\boxed{⑫}$

2 次の問に答えなさい。

(1) 点 $(2, 1)$ を通り，直線 $y=2x+1$ に平行な直線の式を求めなさい。

(2) 1次関数 $y=-2x+1$ で，x の変域が $-1\leqq x\leqq 2$ のとき，y の変域を求めなさい。

解答 (1) 直線の式を $y=ax+b$ とおくと $a=\boxed{⑬}$ ← 平行な直線の傾きは等しい

$y=\boxed{⑭}x+b$ に $x=2$，$y=\boxed{⑮}$ を代入すると，

$\boxed{⑯}=\boxed{⑰}\times 2+b$　$b=\boxed{⑱}$　　答 $\boxed{⑲}$

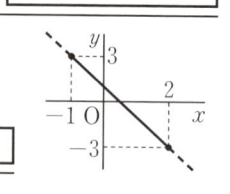

(2) $x=-1$ のとき，$y=-2\times(\boxed{⑳})+1=\boxed{㉑}$

$x=2$ のとき，$y=-2\times\boxed{㉒}+1=\boxed{㉓}$

答　$\boxed{㉔}$

3 次の連立方程式の解を，グラフをかいて求めなさい。

$\begin{cases} x-y=-1 \\ 2x+y=4 \end{cases}$

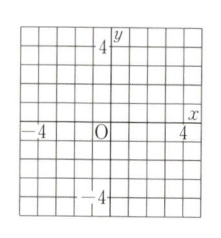

40

解答 連立方程式を $y=\sim$ の形で表すと

$$\begin{cases} y=x+\boxed{25} & \cdots ① \\ y=\boxed{26}x+4 & \cdots ② \end{cases}$$

①のグラフは，傾き $\boxed{27}$ ，切片 $\boxed{28}$ の直線
②のグラフは，傾き $\boxed{29}$ ，切片 $\boxed{30}$ の直線
右のグラフより，交点は $(\boxed{31}, \boxed{32})$ となる。

答 $x=\boxed{33}$ ，$y=\boxed{34}$

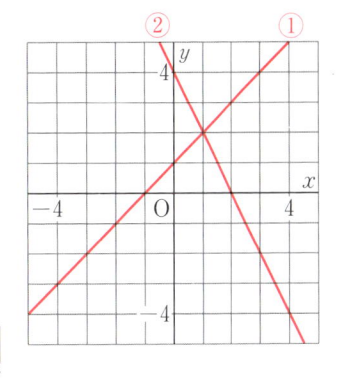

4 毎分4Lずつ水を入れると28分でいっぱいになる空の水そうがある。毎分 x Lずつ入れると，y 分でいっぱいになるとする。毎分7Lずつ入れるとき，いっぱいになるまでに何分かかるかを求めなさい。

解答 毎分 x Lずつ入れると，y 分でいっぱいになるとすると，

$x \times y = 4 \times \boxed{35}$ 　$xy=112$ より，$y=\dfrac{\boxed{36}}{x}$ と表される。

この式に $x=\boxed{37}$ を代入すると，$y=\dfrac{112}{\boxed{38}}=\boxed{39}$ 　答 $\boxed{40}$

5 弟は10時に家を出発し，兄は弟が出発してから8分後に分速150mで弟を追いかけた。右のグラフは，弟のようすを表したものである。兄のようすをグラフに表して，兄が弟に追いついたのは弟が出発してから何分後かを求めなさい。

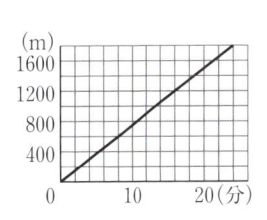

解答 兄は分速150mだから，8分間で $\boxed{41}$ m進むので，兄のようすを表すグラフは，2点 $(\boxed{42}, 0)$，$(16, \boxed{43})$ を通る直線になる。この直線と弟のようすを表すグラフの交点が追いついたところになる。

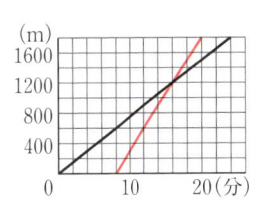

答 $\boxed{44}$

○解答

① 6　② 2　③ 3x　④ 3　⑤ 12　⑥ 12　⑦ 4　⑧ 4　⑨ 16　⑩ -8
⑪ -2　⑫ -2　⑬ 2　⑭ 2　⑮ 1　⑯ 1　⑰ 2　⑱ -3　⑲ $y=2x-3$
⑳ -1　㉑ 3　㉒ 2　㉓ -3　㉔ $-3\leqq y\leqq 3$　㉕ 1　㉖ -2　㉗ 1　㉘ 1
㉙ -2　㉚ 4　㉛ 1　㉜ 2　㉝ 1　㉞ 2　㉟ 28　㊱ 112　㊲ 7　㊳ 7
㊴ 16　㊵ 16分　㊶ 1200　㊷ 8　㊸ 1200　㊹ 16分後

41

7 平面図形，作図

用語チェック

● 図形を，一定の**方向**に，一定の**距離**だけ動かす移動を〔① 〕という。

● 図形を，ある点を中心として一定の**角**だけ回転させる移動を〔② 〕といい，中心の点を〔③ 〕という。

● 図形を，ある直線を**折り目**として折り返す移動を〔④ 〕といい，**折り目**の直線を〔⑤ 〕という。

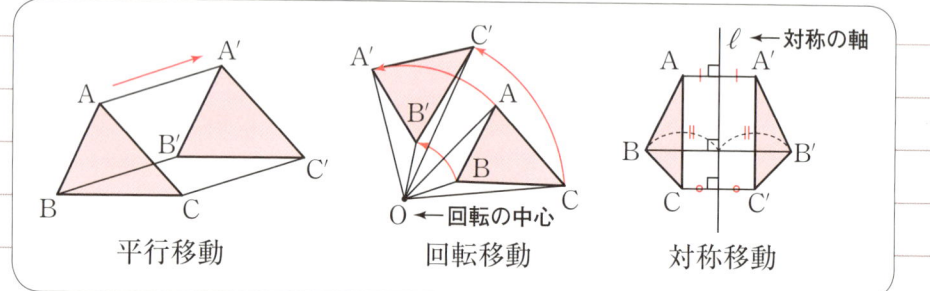

平行移動　　回転移動　　対称移動

● 2直線が垂直であるとき，一方の直線を他方の直線の〔⑥ 〕という。

● 線分を2等分する点を，その線分の〔⑦ 〕という。

● 線分の中点を通り，その線分に**垂直**な直線を，その線分の〔⑧ 〕という。

● 1つの角を2等分する**半直線**を，その角の〔⑨ 〕という。

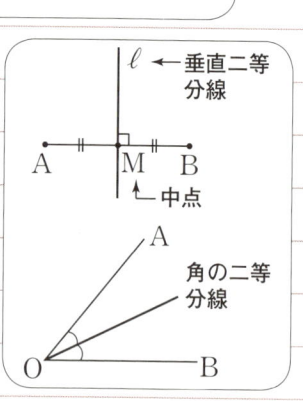

要点チェック

1 垂線の作図

・点Pを通り，直線ℓに垂直な直線

1. ℓ上に適当な2点A，〔⑩ 〕をとる。
2. Aを中心として半径〔⑪ 〕の**円**をかく。
3. Bを中心として半径〔⑫ 〕の**円**をかく。
4. 2つの円の〔⑬ 〕を通る**直線**をひく。

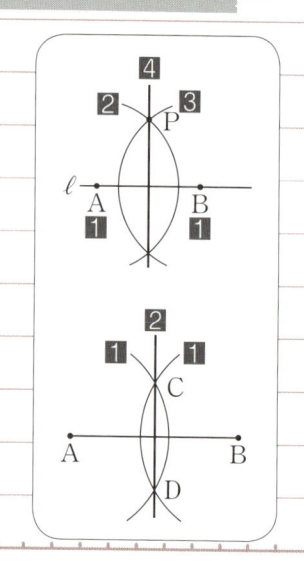

2 線分ABの垂直二等分線の作図

1. A，〔⑭ 〕を中心として等しい〔⑮ 〕の円をかき，その交点をC，〔⑯ 〕とする。
2. 直線〔⑰ 〕をひく。

3 角の二等分線の作図

・∠AOBの二等分線

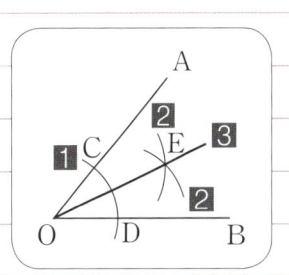

1 角の頂点〔⑱　　　〕を中心とする**円**をかき，角の2辺との交点をC，〔⑲　　　〕とする。

2 C，Dを中心として等しい〔⑳　　　〕の円をかき，その交点を〔㉑　　　〕とする。

3 半直線〔㉒　　　〕をひく。

確認問題

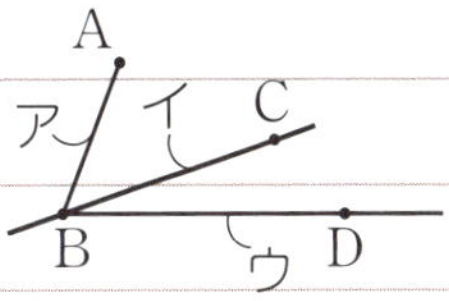

❶ 右の図で，アは〔㉓　　　　〕，イは〔㉔　　　　〕，ウは〔㉕　　　　〕という。

❷ 直線ABと直線CDが平行であることを，記号を使って，AB〔㉖　　〕CDと表す。

❸ 直線EFと直線MNが垂直であることを，記号を使って，EF〔㉗　　〕MNと表す。

❹ 三角形PQRを，記号を使って，〔㉘　　　　〕と書く。

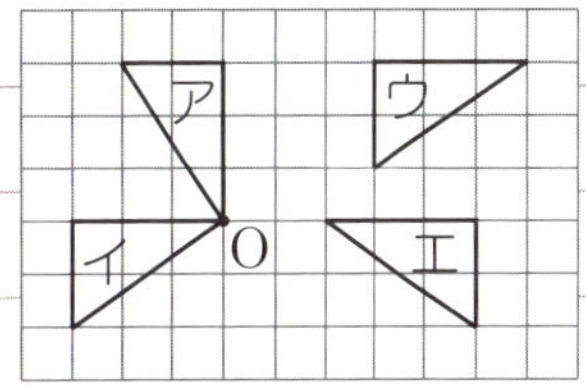

❺ 右の図で，三角形イを平行移動させると三角形〔㉙　　〕に重なる。また，三角形アを点Oを中心として左まわりに90°回転移動させると三角形〔㉚　　〕に重なる。さらに，三角形イを対称移動させると三角形〔㉛　　〕に重なる。

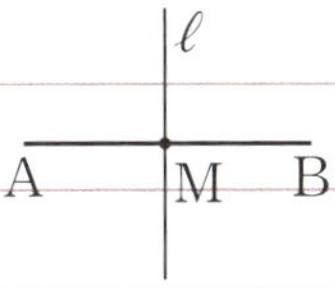

❻ 右の図で，直線ℓと線分ABの交点をMとする。直線ℓが線分ABの垂直二等分線であるとき，ℓ〔㉜　　〕AB，AM〔㉝　　〕BMである。

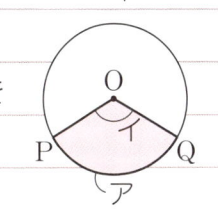

❼ 右の図で，PからQまでの円周の部分アを記号を使って，〔㉞　　　〕と表す。また，線分OP，OQとアで囲まれた図形を〔㉟　　　〕といい，角イを〔㊱　　　〕という。

解答

①平行移動　②回転移動　③回転の中心　④対称移動　⑤対称の軸　⑥垂線
⑦中点　⑧垂直二等分線　⑨二等分線　⑩B　⑪AP　⑫BP
⑬交点　⑭B　⑮半径　⑯D　⑰CD　⑱O
⑲D　⑳半径　㉑E　㉒OE　㉓線分AB　㉔直線BC
㉕半直線BD　㉖∥　㉗⊥　㉘△PQR　㉙ウ　㉚イ
㉛エ　㉜⊥　㉝=　㉞$\overset{\frown}{PQ}$　㉟おうぎ形　㊱中心角

43

基本問題

1 平行移動・対称移動・回転移動

●問題● 右の図は合同な8つの直角三角形を組み合わせたものである。△BEFを次のように移動させて重ね合わせることができる三角形をすべて答えなさい。

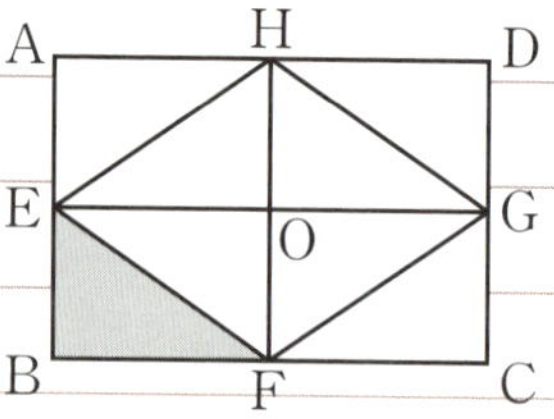

(1) 平行移動　　　(2) 対称移動

(3) 点Oを回転の中心とする回転移動

解答　(1) △BEFを点Eが点Hに重なるように〔① 　　　〕させると，△② 　　　 と重ね合わせることができる。　　答 ③ 　　　

(2) △BEFをHFを対称の軸として対称移動させると，△④ 　　　 と重ね合わせることができる。

また，△BEFをEGを〔⑤ 　　　〕の軸として対称移動させると，△⑥ 　　　 と重ね合わせることができる。　　答 ⑦ 　　　 ， ⑧ 　　　

(3) △BEFを点Oを中心として180°回転移動させると，△⑨ 　　　 と重ね合わせることができる。　　答 ⑩ 　　　

2 垂直・平行

●問題● 右の図の長方形ABCDについて，次の関係を記号を使って表しなさい。

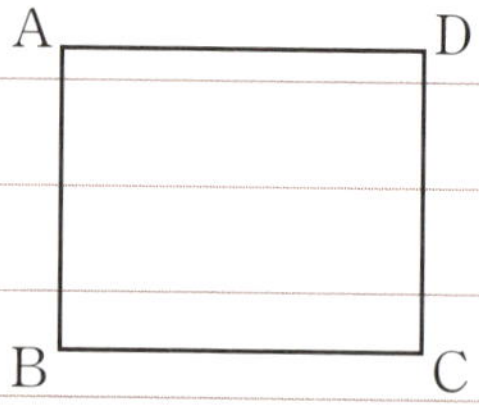

(1) ABとCDの関係　　(2) ABとBCの関係

解答　(1) ABとCDは長さが等しいので，AB ⑪ 　　　 CD

また，ABとCDは平行であるから，AB ⑫ 　　　 CD

(2) ABとBCは〔⑬ 　　　〕であるから，AB ⑭ 　　　 BC

3 垂線の作図

●問題● 右の図の△ABCで，辺BCを底辺とみたときの高さAHを作図しなさい。

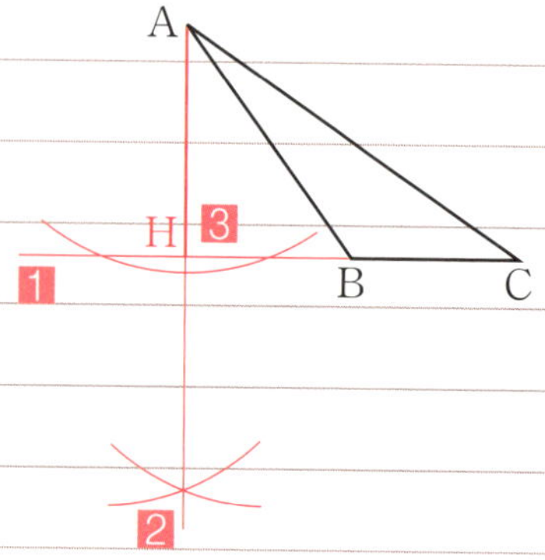

解答　点Aから半直線CBにひいた〔⑮ 　　　〕と半直線CBとの交点を ⑯ 　　　 とすればよい。

1 辺BCを ⑰ 　　　 のほうに延長する。

2 点 ⑱ 　　　 を通る半直線CBへの垂線をひく。

3 **2**の直線と半直線CBの交点を ⑲ 　　　 とする。

4 垂直二等分線の作図

●問題● 右の図で，3点A，B，Cから等しい距離にある点Pを作図によって求めなさい。

解答 2点A，Bから等しい距離にある点は，線分 ⑳□ の垂直二等分線上にある。このことを利用する。

1. 線分ABの〔㉑　　　　〕をひく。
2. 線分ACの〔㉒　　　　〕をひく。
3. 1，2の直線の交点を ㉓□ とする。

5 角の二等分線の作図

●問題● 右の図で，線分BCを角の1辺とし，∠ABC＝30°となる線分ABを作図しなさい。

解答 正三角形の1つの角の大きさが ㉔□ であることから，60°の角をつくり，その角の〔㉕　　　　〕を作図すればよい。

1. Bを中心とする半径BCの円と ㉖□ を中心とする半径CBの円をかき，その交点の1つをA′とする。
2. ∠A′BC＝60°となるから，∠A′BCの〔㉗　　　　〕をひき，ABとする。

6 おうぎ形の弧の長さと面積

●問題● 右の図のおうぎ形の弧の長さと面積を求めなさい。

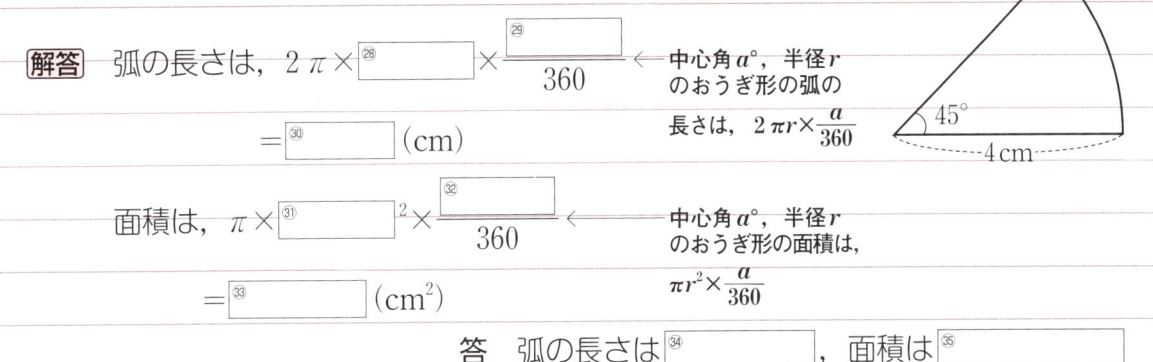

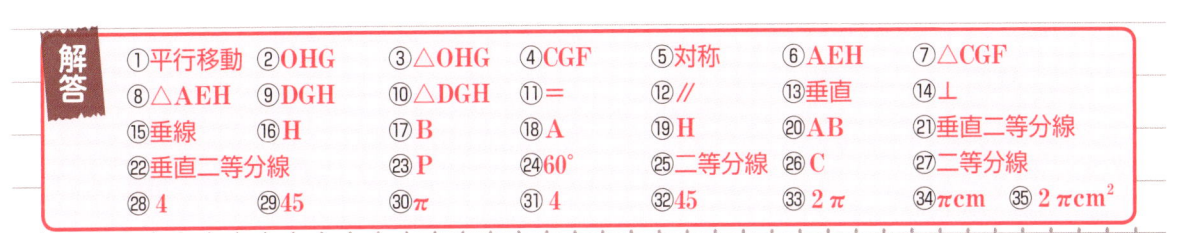

解答 弧の長さは，$2\pi \times$ ㉘□ $\times \dfrac{㉙□}{360}$ ← 中心角$a°$，半径rのおうぎ形の弧の長さは，$2\pi r \times \dfrac{a}{360}$

$= $ ㉚□ （cm）

面積は，$\pi \times$ ㉛□$^2 \times \dfrac{㉜□}{360}$ ← 中心角$a°$，半径rのおうぎ形の面積は，$\pi r^2 \times \dfrac{a}{360}$

$= $ ㉝□ （cm²）

答 弧の長さは ㉞□ ，面積は ㉟□

解答
①平行移動 ②OHG ③△OHG ④CGF ⑤対称 ⑥AEH ⑦△CGF
⑧△AEH ⑨DGH ⑩△DGH ⑪＝ ⑫∥ ⑬垂直 ⑭⊥
⑮垂線 ⑯H ⑰B ⑱A ⑲H ⑳AB ㉑垂直二等分線
㉒垂直二等分線 ㉓P ㉔60° ㉕二等分線 ㉖C ㉗二等分線
㉘4 ㉙45 ㉚π ㉛4 ㉜45 ㉝2π ㉞πcm ㉟2πcm²

45

いまの実力を確認しよう

1 右の図は合同な6つの正三角形を組み合わせたものである。次の問に答えなさい。

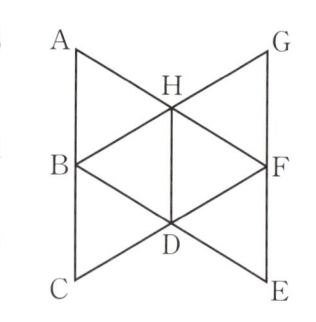

(1) △BCDを平行移動させて重ね合わせることができる三角形をすべて答えなさい。

(2) △BDHと，点Bを回転の中心として60°回転移動させて重ね合わせることができる三角形をすべて答えなさい。

(3) △FGHを対称移動させて△FDHに重ね合わせたとき，対称の軸となる直線を答えなさい。

解答 (1) △BCDを点Bが点Aに重なるように〔①　　　〕させると，△②　　　と重ね合わせることができる。
また，△BCDを点Bが点③　　　に重なるように平行移動させると，△④　　　と重ね合わせることができる。

答 ⑤　　　，⑥　　　

(2) △BDHを，点⑦　　　を中心として左まわりに60°回転移動させると，△⑧　　　と重ね合わせることができる。
また，△BDHを点Bを中心として右まわりに⑨　　　°回転移動させると，△⑩　　　と重ね合わせることができる。

答 ⑪　　　，⑫　　　

(3) △FGHを，直線AFを対称の軸として対称移動させると，△⑬　　　と重ね合わせることができる。

答 ⑭　　　

2 右の図で，点Pを通り直線ℓに平行な直線mを作図しなさい。

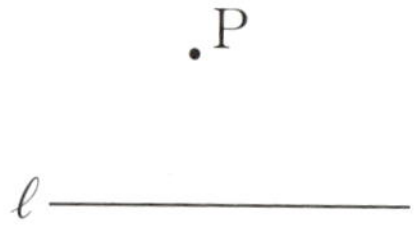

解答 **1** 点Pを通る直線⑮　　　への〔⑯　　　〕をひき，これを直線nとする。

2 点Pを通る直線nへの〔⑰　　　〕をひくと，これが直線⑱　　　となる。

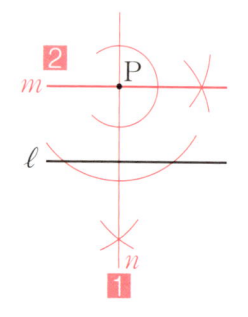

3 右の図で，∠XOYの二等分線上に中心があり，辺OY上の点Aで辺OYに接する円を作図しなさい。

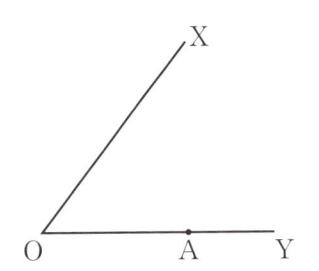

解答
1. ∠XOYの〔⑲　　〕をひく。
2. 点Aを通る辺〔⑳　　〕への垂線をひき，1の半直線との交点をPとする。
3. PAは円Pの〔㉑　　〕となるから，点Pを中心とする半径〔㉒　　〕の円をかく。

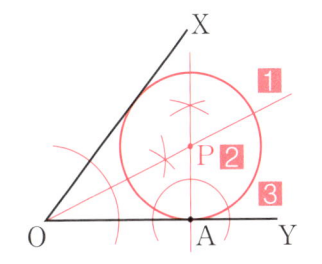

4 右の図のように，線分ABと直線ℓがある。直線ℓを対称の軸として線分ABを対称移動させてできる線分CDを作図しなさい。

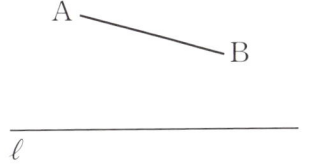

解答
1. 点Aを通る直線〔㉓　　〕への〔㉔　　〕をひき，直線ℓとの交点をEとする。
2. 1の直線上にAE＝CEとなる点〔㉕　　〕をとる。
3. 点Bを通る直線〔㉖　　〕への〔㉗　　〕をひき，直線ℓとの交点をFとする。
4. 3の直線上にBF＝DFとなる点〔㉘　　〕をとる。
5. 2点C，Dを〔㉙　　〕で結ぶ。

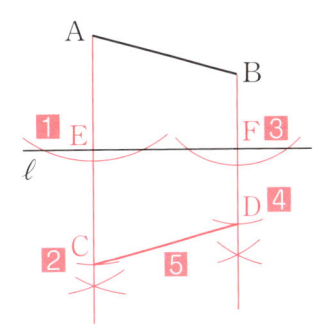

解答
①平行移動　②ABH　③H　④HDF　⑤△ABH　⑥△HDF　⑦B　⑧BHA
⑨60　⑩BCD　⑪△BHA　⑫△BCD　⑬FDH　⑭直線AF　⑮ℓ　⑯垂線
⑰垂線　⑱m　⑲二等分線　⑳OY　㉑半径　㉒PA　㉓ℓ　㉔垂線
㉕C　㉖ℓ　㉗垂線　㉘D　㉙線分

8 空間図形，表面積と体積

用語チェック

- **平面**だけで囲まれた立体を〔① 　　　〕という。
- 右のア，イのような**多面体**を〔② 　　　〕，ウのような立体を〔③ 　　　〕という。
- すべての面がすべて**合同**な<u>正多角形</u>で，どの**頂点**にも面が同じ数だけ集まっている多面体を〔④ 　　　〕という。 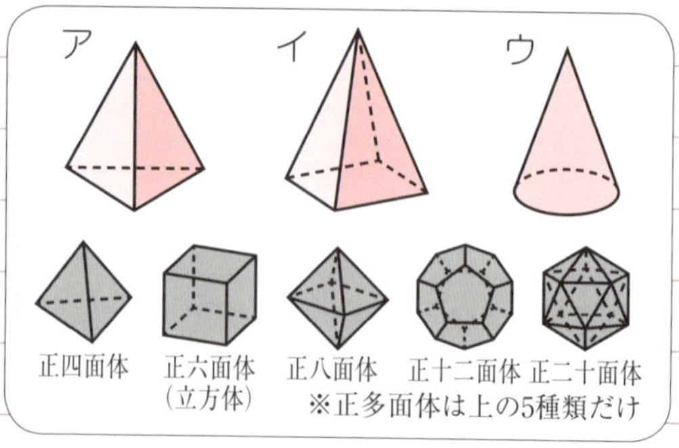
- 空間内で，平行でなく，<u>交わらない</u>2つの直線は〔⑤ 　　　〕の位置にあるという。
- 円柱，円錐，球のように，1つの直線を<u>軸</u>として平面図形を回転させてできる立体を〔⑥ 　　　〕という。円柱や円錐の**側面をえがく線分**を〔⑦ 　　　〕という。 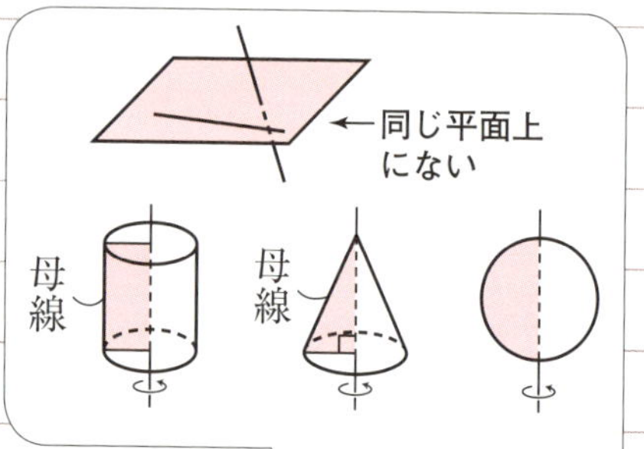
- 立体をある方向から見て<u>平面</u>に表した図を〔⑧ 　　　〕といい，**真上から見た図**を〔⑨ 　　　〕，**正面から見た図**を〔⑩ 　　　〕という。
- 立体のすべての面の面積の和を〔⑪ 　　　〕，側面全体の面積を〔⑫ 　　　〕，1つの底面の面積を〔⑬ 　　　〕という。

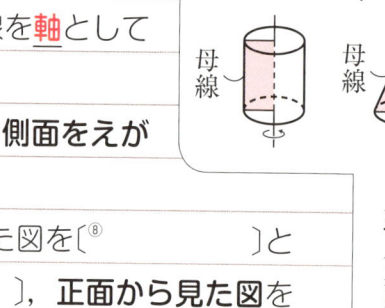

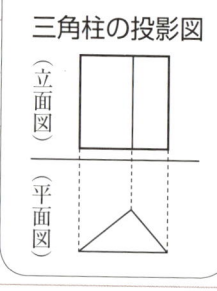

要点チェック

1 直線や平面の位置関係

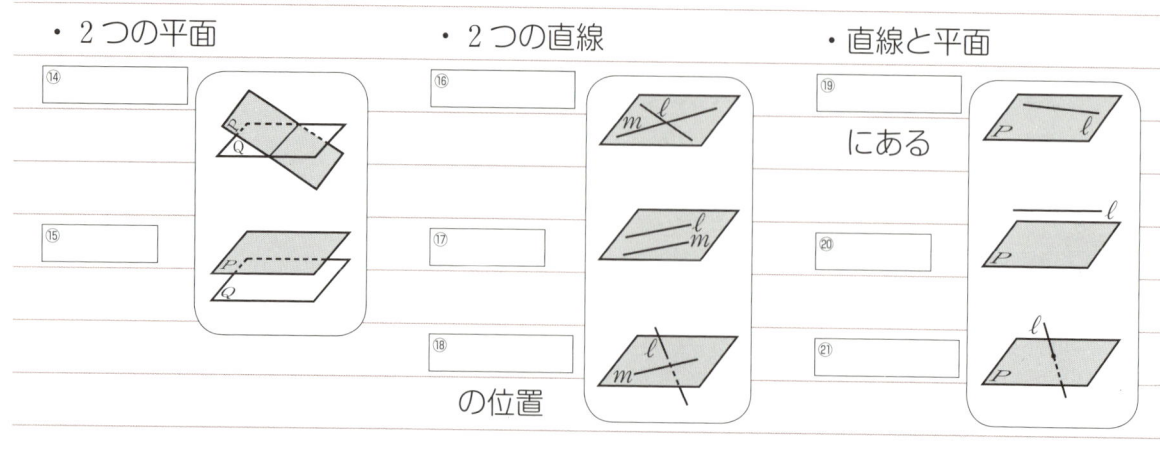

・2つの平面　　　・2つの直線　　　・直線と平面

⑭	⑯	⑲
⑮	⑰ にある	⑳
	⑱ の位置	㉑

学習日：　月　日

2　角柱と円柱の表面積，体積

・角柱と円柱の表面積

（表面積）
= (㉒　　　) + (底面積) × ㉓　　　

↑角柱，円柱の底面は2つ

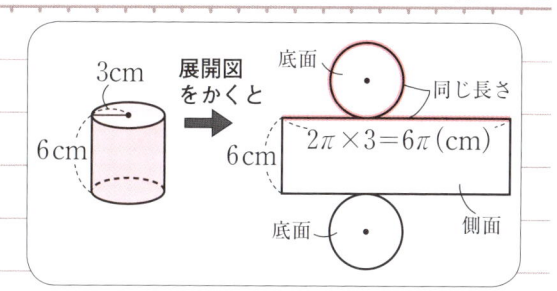

・角柱と円柱の体積

$V = $ ㉔　　　（体積V，底面積S，高さh）

3　角錐と円錐の表面積，体積

・角錐と円錐の表面積

（表面積）=（側面積）+（㉕　　　）

・角錐と円錐の体積

$V = $ ㉖　　　Sh　（体積V，底面積S，高さh）

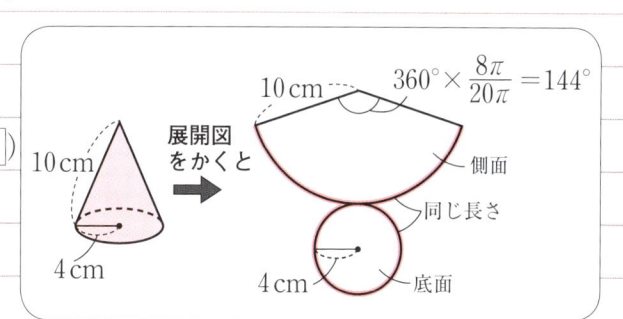

4　球の表面積，体積

・球の表面積　$S = $ ㉗　　　πr^2（表面積S，球の半径r）

・球の体積　$V = $ ㉘　　　πr^3（体積V，球の半径r）

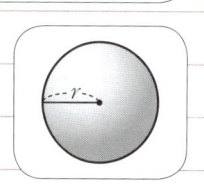

確認問題

❶　右の図1のような三角柱で，辺ADとねじれの位置にある辺は辺BCと辺 ㉙　　　 である。

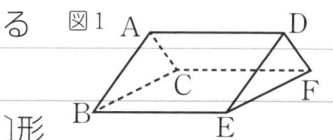

❷　右の図2のような円錐の側面の展開図は，〔㉚　　　〕形である。

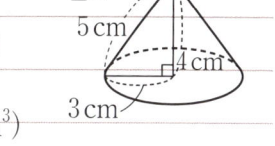

❸　右の図2の円錐の底面積は，$\pi \times$ ㉛　　　$^2 = $ ㉜　　　（cm²）

❹　右の図2の円錐の体積は，$\frac{1}{3} \times$ ㉝　　　 $\times 4 = $ ㉞　　　（cm³）

❺　半径2cmの球の表面積は，㉟　　　 $\times \pi \times 2^2 = $ ㊱　　　（cm²）

解答						
①多面体	②角錐	③円錐	④正多面体	⑤ねじれ	⑥回転体	⑦母線
⑧投影図	⑨平面図	⑩立面図	⑪表面積	⑫側面積	⑬底面積	⑭交わる
⑮平行	⑯交わる	⑰平行	⑱ねじれ	⑲平面上	⑳平行	㉑交わる
㉒側面積	㉓2	㉔Sh	㉕底面積	㉖$\frac{1}{3}$	㉗4	㉘$\frac{4}{3}$
㉙EF	㉚おうぎ	㉛3	㉜9π	㉝9π	㉞12π	㉟4　㊱16π

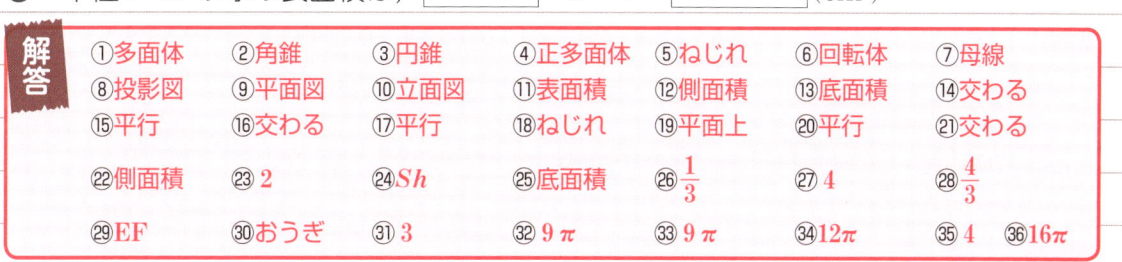

基本問題

1 直線や平面の位置関係

●問題● 右の図の直方体で，次の位置関係にある辺や面を答えなさい。

(1) 面ABCDに垂直な面　　(2) 面ABCDに平行な辺

(3) 辺ABとねじれの位置にある辺

解答 (1) 直方体のとなり合う面は垂直になっているから，面ABCDに垂直な面は，面ABFE，面BFGC，面CGHD，面① ＿＿＿ である。

(2) 平行な面の辺を考えればよい。面ABCDに平行な面は面② ＿＿＿ だから，辺EF，辺FG，辺③ ＿＿＿ ，辺④ ＿＿＿ である。

(3) 平行でなく，交わらない辺なので，辺CG，辺DH，辺⑤ ＿＿＿ ，辺⑥ ＿＿＿ である。

2 投影図

●問題● 右の(1)，(2)の投影図は，三角柱，三角錐，円柱，球のうち，どの立体を表したものか。

解答 (1) 立面図が三角形なので，この立体の〔⑦ ＿＿＿〕の形は三角形とわかる。また，平面図が三角形なので，この立体の〔⑧ ＿＿＿〕の形は三角形とわかる。

答 ⑨ ＿＿＿

(2) どこから見ても円の形に見える立体を考える。　答 ⑩ ＿＿＿

3 展開図

●問題● 底面の半径が3cmの円柱があります。この円柱の展開図をかくとき，側面の長方形の横の長さは何cmにすればよいか。

解答 円柱の展開図は，右のような形になる。展開図の側面の長方形の横の長さは，〔⑪ ＿＿＿〕の円周と等しいので，

$2\pi \times$ ⑫ ＿＿＿ $=$ ⑬ ＿＿＿ (cm)

答 ⑭ ＿＿＿

4 立体の体積と表面積

●問題● 次の立体の体積と表面積を求めなさい。

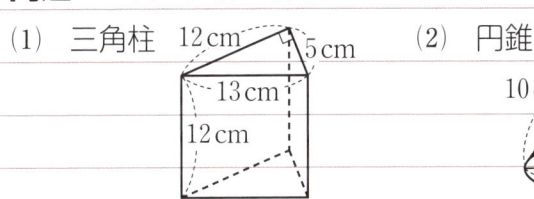

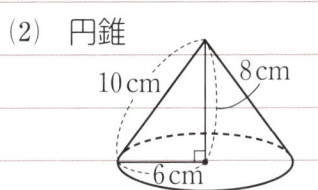

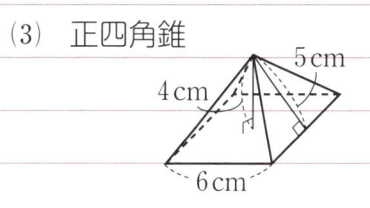

(1) 三角柱 12cm, 5cm, 13cm, 12cm (2) 円錐 10cm, 8cm, 6cm (3) 正四角錐 5cm, 4cm, 6cm

解答 (1) 体積は，$\frac{1}{2} \times$ ⑮ $\times 12 \times$ ⑯ $=$ ⑰ (cm^3)
<u>底面積</u>　<u>高さ</u>

表面積は，$12 \times (12+$ ⑱ $+5) + \frac{1}{2} \times$ ⑲ $\times 12 \times 2$
<u>側面積</u>　　　　　　<u>底面積</u>　　↑底面は2つある

$= 360 +$ ⑳ $=$ ㉑ (cm^2)　答　体積… ㉒
　　　　　　　　　　　　　　　　表面積… ㉓

(2) 体積は，㉔ $\times \pi \times$ ㉕ $^2 \times 8 =$ ㉖ (cm^3)
　　　　　　　<u>底面積</u>　<u>高さ</u>

側面積は，$\pi \times$ ㉗ $^2 \times \dfrac{2\pi \times ㉘}{2\pi \times ㉙} = 60\pi \, (cm^2)$

表面積は，㉚ $+ \pi \times$ ㉛ $^2 =$ ㉜ (cm^2)　答　体積… ㉝
　　　　　　<u>側面積</u>　　<u>底面積</u>　　　　　　表面積… ㉞

(3) 体積は，$\frac{1}{3} \times$ ㉟ $\times 6 \times$ ㊱ $=$ ㊲ (cm^3)

表面積は，$\frac{1}{2} \times 6 \times 5 \times$ ㊳ $+ 6 \times$ ㊴
　　　　　<u>側面の三角形の面積</u>　<u>側面の数</u>　<u>底面積</u>

$=$ ㊵ $+ 36 =$ ㊶ (cm^2)　答　体積… ㊷
　　　　　　　　　　　　　　　　表面積… ㊸

解答
①AEHD ②EFGH ③GH ④HE ⑤FG ⑥EH ⑦側面 ⑧底面
⑨三角錐 ⑩球 ⑪底面 ⑫3 ⑬6π ⑭6πcm ⑮5 ⑯12
⑰360 ⑱13 ⑲5 ⑳60 ㉑420 ㉒360cm³ ㉓420cm² ㉔$\frac{1}{3}$ ㉕6
㉖96π ㉗10 ㉘6 ㉙10 ㉚60π ㉛6 ㉜96π ㉝96πcm³ ㉞96πcm²
㉟6 ㊱4 ㊲48 ㊳4 ㊴6 ㊵60 ㊶96 ㊷48cm³ ㊸96cm²

いまの実力を確認しよう

1 右の図は，すべての面が正三角形でできている立体である。次の問に答えなさい。

(1) この立体の名前を答えなさい。
(2) 頂点Aに集まる辺の数を答えなさい。
(3) 頂点Aに集まる面の数を答えなさい。

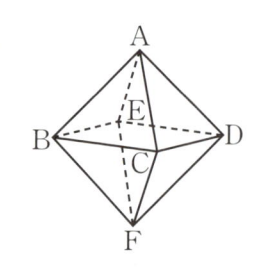

解答 (1) 8つの面はすべて合同な〔①　　　〕である。　答〔②　　　〕
(2) どの頂点にも〔③　　〕つずつ辺が集まっている。　答〔④　　　〕
(3) どの頂点にも〔⑤　　〕つずつ面が集まっている。　答〔⑥　　　〕

2 右の図は，ある立体の投影図である。次の問に答えなさい。

(1) この立体の名前を答えなさい。
(2) この立体の体積を求めなさい。

解答 (1) 立面図が長方形で，平面図が円なので，この立体の〔⑦　　　〕は円とわかる。　答〔⑧　　　〕

(2) 底面の半径が⑨　cm，高さが⑩　cmの〔⑪　　　〕だから，
$\pi \times$ ⑫ $^2 \times$ ⑬ $=$ ⑭ (cm^3)　答〔⑮　　　〕

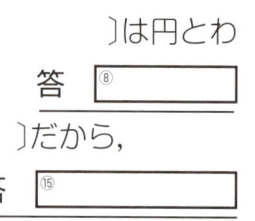

3 右の図は三角柱の展開図である。この展開図を組み立ててできる三角柱について，次の問に答えなさい。

(1) 表面積を求めなさい。
(2) 体積を求めなさい。

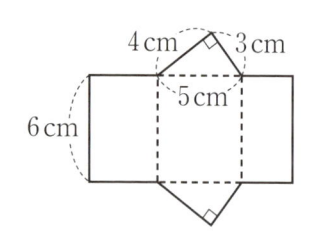

解答 (1) $6 \times ($ ⑯ $+5+3) + \dfrac{1}{2} \times$ ⑰ $\times 4 \times 2$

$= 72 +$ ⑱

$=$ ⑲ (cm^2)　答〔⑳　　　〕

(2) $\dfrac{1}{2} \times$ ㉑ $\times 4 \times$ ㉒ $=$ ㉓ (cm^3)

↑ 組み立てた三角柱の高さは6cm

答〔㉔　　　〕

4 右の図のような長方形と直角三角形を，直線 ℓ を軸として 1 回転させてできる立体の体積を求めなさい。

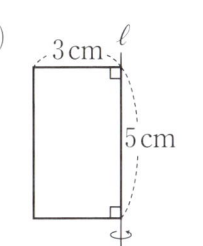

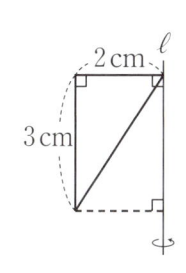

(1) 3cm ℓ / 5cm

(2) 2cm ℓ / 3cm

解答 (1) 底面は〔㉕　　〕になり，見取図は右のようになるので，できる立体は〔㉖　　〕になる。

$\pi \times \boxed{㉗}^2 \times \boxed{㉘} = \boxed{㉙}$ (cm³)

答 $\boxed{㉚}$

(2) 見取図は右のような，円柱から円錐を切り取った立体になる。

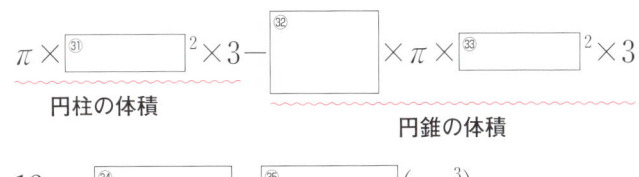

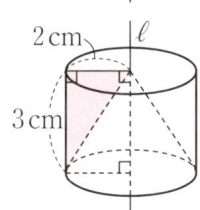

$\pi \times \boxed{㉛}^2 \times 3 - \boxed{㉜} \times \pi \times \boxed{㉝}^2 \times 3$
　　円柱の体積　　　　　　　円錐の体積

$= 12\pi - \boxed{㉞} = \boxed{㉟}$ (cm³)

答 $\boxed{㊱}$

5 右の図のような半球の体積と表面積を求めなさい。

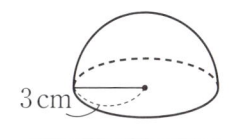

3cm

解答 体積は，$\boxed{㊲} \pi \times 3^3 \times \boxed{㊳} = \boxed{㊴}$ (cm³)　答 $\boxed{㊵}$

表面積は，$\boxed{㊶} \times 3^2 \times \dfrac{1}{2} + \pi \times \boxed{㊷}^2$
　　　　　　　　　　　　　　　　　　平面部分

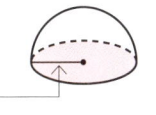

$= 18\pi + \boxed{㊸} = \boxed{㊹}$ (cm²)　答 $\boxed{㊺}$

◯解答

① 正三角形　② 正八面体　③ 4　④ 4つ　⑤ 4　⑥ 4つ　⑦ 底面
⑧ 円柱　⑨ 4　⑩ 10　⑪ 円柱　⑫ 4　⑬ 10　⑭ 160π
⑮ $160\pi \text{cm}^3$　⑯ 4　⑰ 3　⑱ 12　⑲ 84　⑳ 84cm^2　㉑ 3
㉒ 6　㉓ 36　㉔ 36cm^3　㉕ 円　㉖ 円柱　㉗ 3　㉘ 5
㉙ 45π　㉚ $45\pi\text{cm}^3$　㉛ 2　㉜ $\dfrac{1}{3}$　㉝ 2　㉞ 4π　㉟ 8π
㊱ $8\pi\text{cm}^3$　㊲ $\dfrac{4}{3}$　㊳ $\dfrac{1}{2}$　㊴ 18π　㊵ $18\pi\text{cm}^3$　㊶ 4π　㊷ 3
㊸ 9π　㊹ 27π　㊺ $27\pi\text{cm}^2$

図形

53

9 平行線と角，合同な図形

用語チェック

- 右の図の∠CAPのように，1つの辺ととなりの辺の延長とがつくる角を，その頂点における〔① 　　　〕といい，∠BAC，∠ACBなどを〔② 　　　〕という。

- 2つの直線が交わってできる角のうち，右の図の∠aと∠c，∠bと∠dのように，**向かい合っている角**を〔③ 　　　〕という。

- 2つの直線に1つの直線が交わってできる角のうち，右の図の∠aと∠eのような位置にある角を〔④ 　　　〕といい，∠bと∠hのような位置にある角を〔⑤ 　　　〕という。

- 平面上の2つの図形について，一方を移動させることによって他方に**重ね合わせる**ことができるとき，この2つの図形は〔⑥ 　　　〕であるという。

  合同な図形では，**対応する**線分や〔⑦ 　　　〕は等しい。

- あることがらが成り立つわけを，すべて正しいとわかっている性質を**根拠にして示す**ことを〔⑧ 　　　〕という。

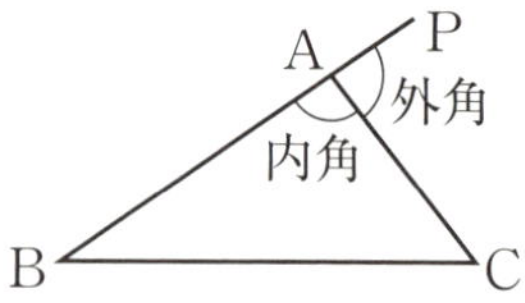

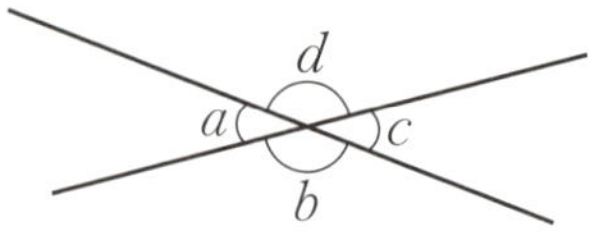

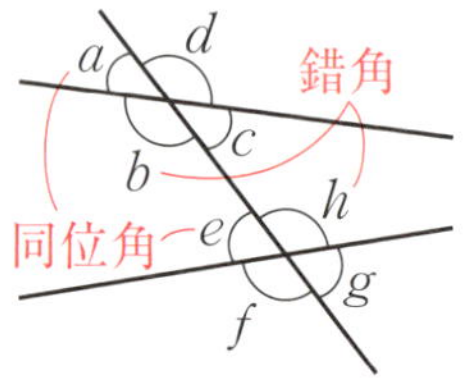

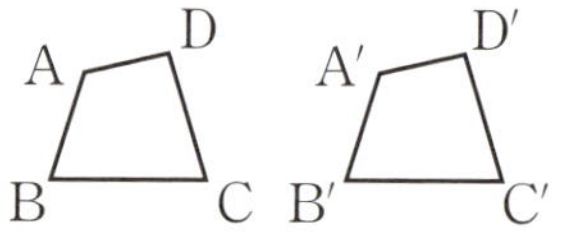

四角形ABCD≡四角形A′B′C′D′
↑
合同を表す記号

要点チェック

1 三角形の内角と外角

- 三角形の内角の和は〔⑨ 　　　〕°である。
- 三角形の外角は，それととなり合わない**2つ**の〔⑩ 　　　〕の和に等しい。

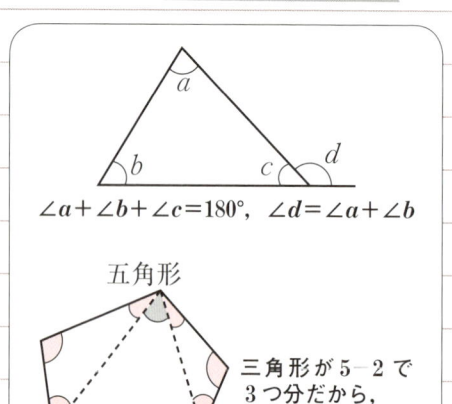

$\angle a + \angle b + \angle c = 180°$，$\angle d = \angle a + \angle b$

2 多角形の内角と外角

- n角形の内角の和は，次の式で求められる。

  $180° \times (n - $ ⑪ $)$

  1つの頂点からひいた対角線でできる三角形の数

- n角形の外角の和は〔⑫ 　　　〕°である。

五角形
三角形が5−2で3つ分だから，180°が3つ分。

3 対頂角

- 対頂角は〔⑬ 　　　〕。右の図で，∠a=∠c，∠b=∠〔⑭ 　　　〕

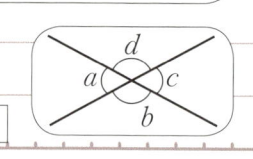

4 平行線の性質

・平行な2直線に1つの直線が交わるとき,

1 **同位角**は等しい。　∠a=∠⑮

2 〔⑯　　〕は等しい。∠a=∠c

・2直線に1つの直線が交わるとき,〔⑰　　　〕
または**錯角**が等しければ, 2直線は**平行**である。

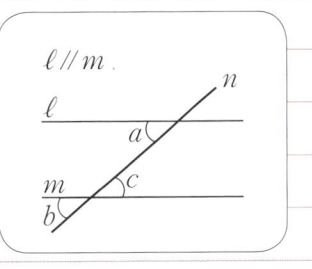

5 三角形の合同条件

1 3組の〔⑱　　〕がそれぞれ等しい。

右の図で, AB=A'B', BC=⑲　　,

CA=⑳

2 2組の辺とその間の〔㉑　　〕がそれぞれ等しい。

右の図で, AB=A'B', BC=㉒

∠B=∠㉓

3 1組の辺とその〔㉔　　〕がそれぞれ等しい。

右の図で, BC=㉕　　, ∠B=∠B', ∠C=∠㉖

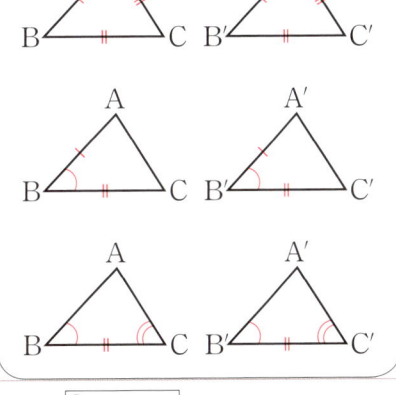

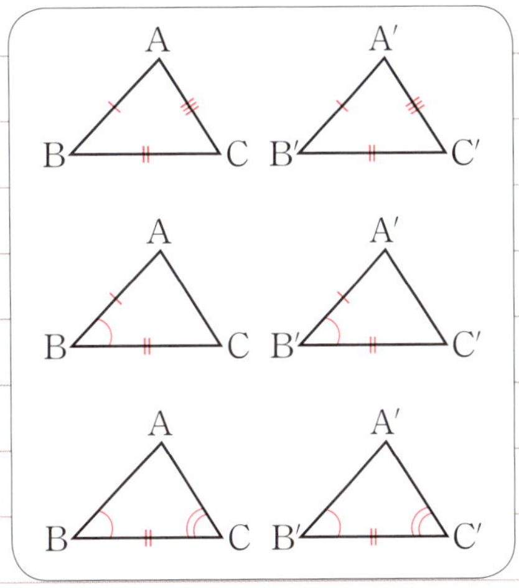

確認問題

❶ 右の図1で, ∠x=34°+㉗°=㉘°

❷ 右の図1で, ∠y=㉙°−(34°+94°)=㉚°

❸ 八角形の内角の和は, 180°×(㉛　−2)=㉜°

❹ 右の図2で, 対頂角は等しいから, ∠a=㉝°

❺ 右の図2で, 平行線の錯角は等しいから, ∠b=㉞°

❻ 右の図3は, △ABC≡△EFD である。

このとき, AC=㉟　　, ∠B=∠㊱

また, BC=5cm のとき, FD=㊲　　cm

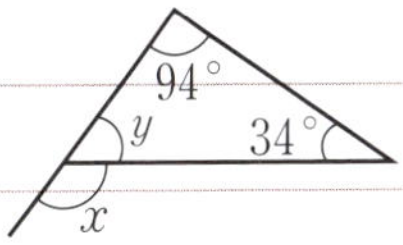

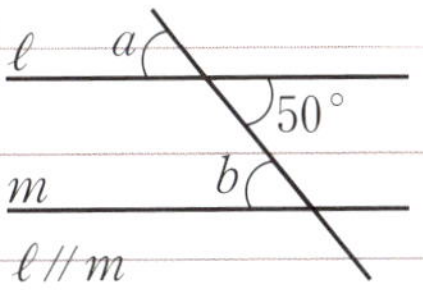

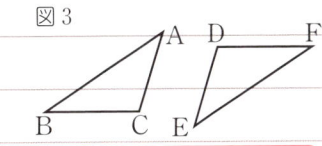

解答	①外角	②内角	③対頂角	④同位角	⑤錯角	⑥合同	⑦角	⑧証明
	⑨180	⑩内角	⑪2	⑫360	⑬等しい	⑭d	⑮b	⑯錯角
	⑰同位角	⑱辺	⑲B'C'	⑳C'A'	㉑角	㉒B'C'	㉓B'	㉔両端の角
	㉕B'C'	㉖C'	㉗94	㉘128	㉙180	㉚52	㉛8	㉜1080
	㉝50	㉞50	㉟ED	㊱F	㊲5			

基本問題

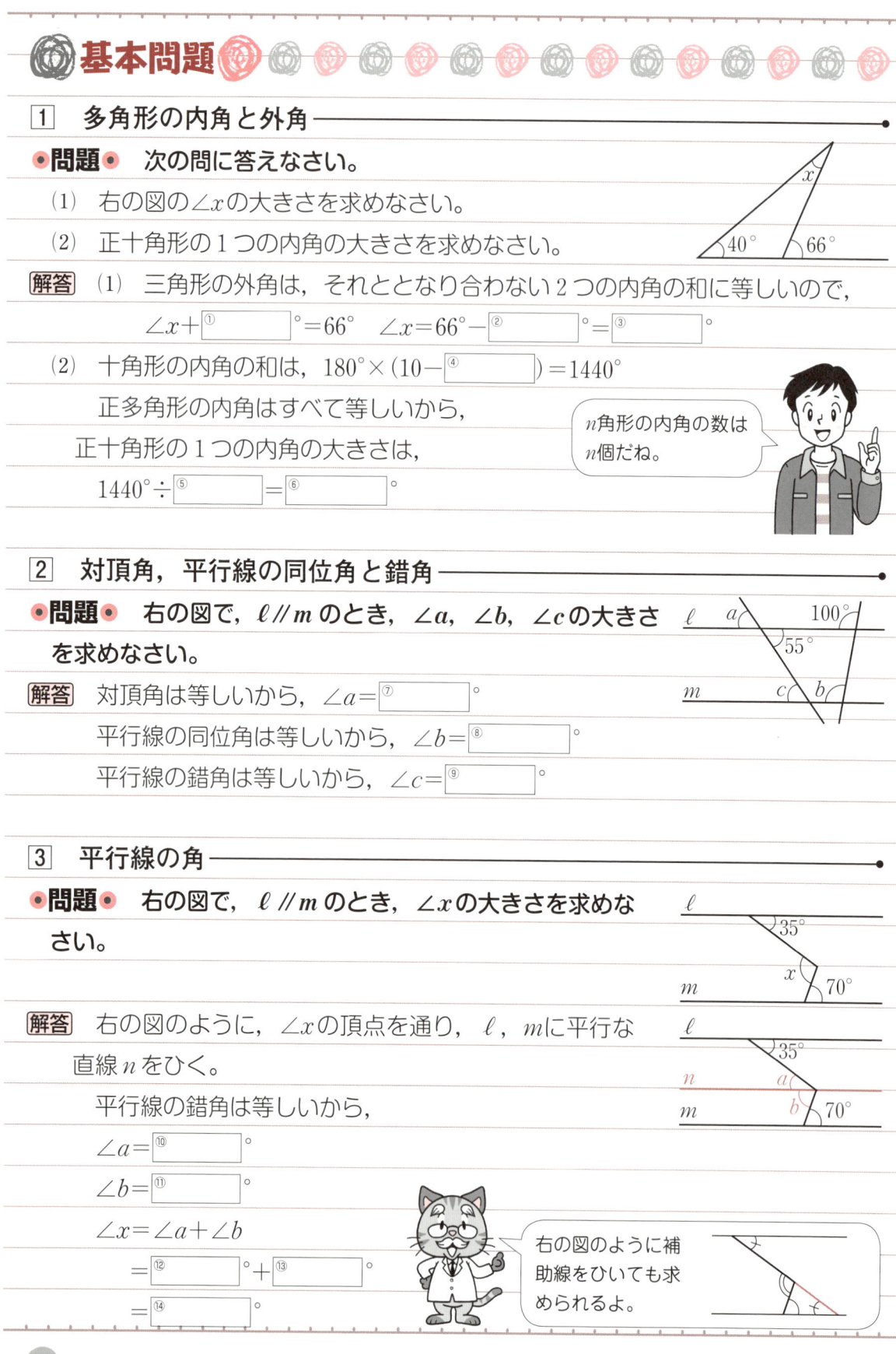

1 多角形の内角と外角

問題 次の問に答えなさい。

(1) 右の図の∠xの大きさを求めなさい。

(2) 正十角形の1つの内角の大きさを求めなさい。

解答 (1) 三角形の外角は，それととなり合わない2つの内角の和に等しいので，

∠x + ①□° = 66°　∠x = 66° − ②□° = ③□°

(2) 十角形の内角の和は，180° × (10 − ④□) = 1440°

正多角形の内角はすべて等しいから，

正十角形の1つの内角の大きさは，

1440° ÷ ⑤□ = ⑥□°

> n角形の内角の数はn個だね。

2 対頂角，平行線の同位角と錯角

問題 右の図で，ℓ//mのとき，∠a，∠b，∠cの大きさを求めなさい。

解答 対頂角は等しいから，∠a = ⑦□°

平行線の同位角は等しいから，∠b = ⑧□°

平行線の錯角は等しいから，∠c = ⑨□°

3 平行線の角

問題 右の図で，ℓ//mのとき，∠xの大きさを求めなさい。

解答 右の図のように，∠xの頂点を通り，ℓ，mに平行な直線nをひく。

平行線の錯角は等しいから，

∠a = ⑩□°

∠b = ⑪□°

∠x = ∠a + ∠b

　 = ⑫□° + ⑬□°

　 = ⑭□°

> 右の図のように補助線をひいても求められるよ。

4 合同な三角形

●問題● 右の図で，AB＝CB，AD＝CD のとき，合同な三角形を記号≡を使って表しなさい。また，そのときに使った三角形の合同条件も書きなさい。

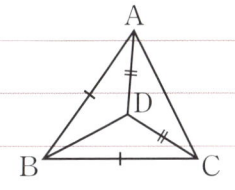

[解答] △ABD≡△⑮[CBD]

AB＝CB
AD＝⑯[CD]
⑰[BD] は共通

これより，使った三角形の合同条件は，
「⑱[3組の辺] がそれぞれ等しい。」である。

「≡」を使って合同を表すときは，対応する頂点の順に書こう。

5 平行線の性質と三角形の合同

●問題● 右の図のように，AD∥BC の台形ABCDがある。BDの中点をEとし，AEの延長とBCとの交点をFとする。このとき，AD＝FB となることを証明しなさい。

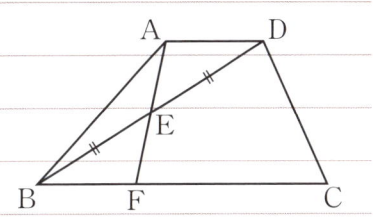

[解答] △ADEと△FBEにおいて，

仮定より，　　　　　　　DE＝BE…①

AD∥BC より，錯角が等しいから，
　　　　　　　∠ADE＝∠⑲[FBE] …②

対頂角は等しいから，∠DEA＝∠⑳[BEF] …③

①，②，③より，㉑[1組の辺とその両端の角] がそれぞれ等しいから，
　　　　　　　△ADE≡△㉒[FBE]

合同な図形の対応する線分は等しいから，
　　　　　　　AD＝FB

AD，FBをそれぞれふくむ三角形の合同を示すんだよ。

[解答]
①40　②40　③26　④2　⑤10　⑥144
⑦55　⑧100　⑨55　⑩35　⑪70　⑫35
⑬70　⑭105　⑮CBD　⑯CD　⑰BD　⑱3組の辺
⑲FBE　⑳BEF　㉑1組の辺とその両端の角　㉒FBE

いまの実力を確認しよう

1 次の問に答えなさい。

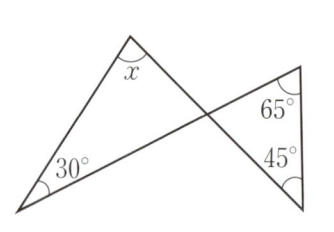

(1) 右の図で, ∠xの大きさを求めなさい。

(2) 1つの外角が45°の正多角形は正何角形か, 求めなさい。

(3) 内角の和が1260°の多角形は何角形か, 求めなさい。

【解答】 (1) 三角形の内角と外角の関係から,

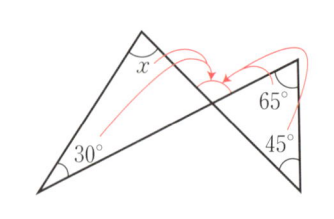

$\angle x +$ ①____° $= 65° +$ ②____°

$\angle x = 110° -$ ③____°

$=$ ④____°

(2) 多角形の外角の和は ⑤____°で, 正多角形の外角の大きさはすべて等しいから, ⑥____° ÷ 45° = ⑦____

答 ⑧____

(3) n角形の内角の和は, 180°×(n−2)で求められるから,

$180° \times (n-2) =$ ⑨____°

$n - 2 =$ ⑩____

$n =$ ⑪____

答 ⑫____

2 右の図で, ℓ//m のとき, ∠xの大きさを求めなさい。

(1) (2)

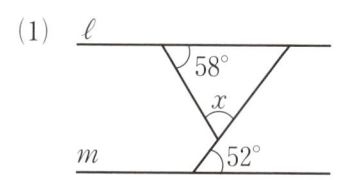

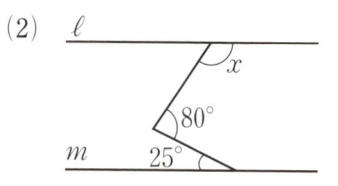

【解答】 (1) 平行線の錯角は等しいから, 右の図の∠a = ⑬____°

三角形の内角の和は ⑭____° だから

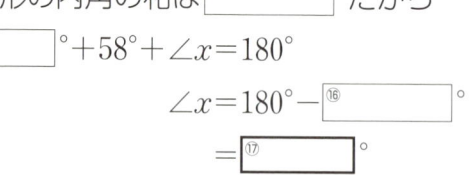

⑮____° + 58° + ∠x = 180°

∠x = 180° − ⑯____°

= ⑰____°

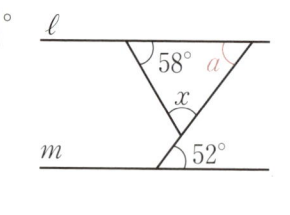

(2) 右の図のように, ℓ, mに平行な直線nをひく。

∠a = ⑱____° ∠b = 80° − ∠a = ⑲____°

ℓ//n より, 180° − ∠x = ∠b だから,

180° − ∠x = ⑳____°

∠x = 180° − 55°

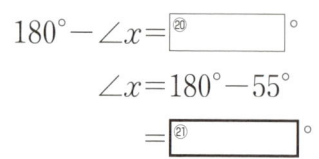

= ㉑____°

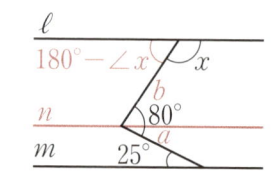

3 正方形の折り紙がある。右の図のように折り返したときにできる∠xの大きさを求めなさい。

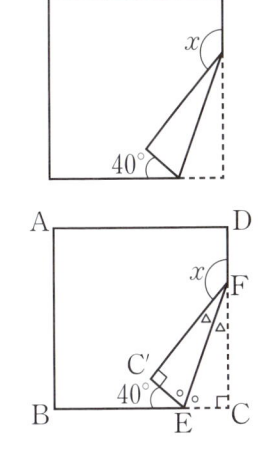

[解答] 右の図で，△ECFと△EC′Fが合同であることを使う。

∠CEF＝∠㉒ だから，

∠CEF＝(180°−㉓)×$\frac{1}{2}$＝㉔ °

∠CFE＝180°−(90°+㉕ °)＝㉖ °

∠CFE＝∠C′FE だから，

∠x＝180°−㉗ °×2＝㉘ °

4 右の図のように，正方形ABCDの辺BC，CD上に，CE＝DFとなる点E，Fをそれぞれとる。

このとき，∠DAF＝∠CDEとなることを証明しなさい。

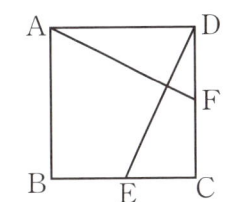

[解答] △ADFと△DCEにおいて，

仮定より，　DF＝㉙ …①

四角形ABCDは正方形だから，

AD＝㉚ …②

∠ADF＝∠㉛ ＝90°…③

①，②，③より，㉜ がそれぞれ等しいから，

△ADF≡△㉝

合同な図形の対応する角の大きさは等しいから，

∠DAF＝∠CDE

◯解答

①30　②45　③30　④80　⑤360　⑥360　⑦8
⑧正八角形　⑨1260　⑩7　⑪9　⑫九角形　⑬52　⑭180　⑮52
⑯110　⑰70　⑱25　⑲55　⑳55　㉑125　㉒C′EF　㉓40
㉔70　㉕70　㉖20　㉗20　㉘140　㉙CE　㉚DC
㉛DCE　㉜2組の辺とその間の角　㉝DCE

10 三角形の性質

用語チェック

● ことばの意味をはっきりと述べたものを〔①　　　〕といい，証明された**ことがら**のうちで，大切なものを〔②　　　〕という。

● 2辺が**等しい**三角形を〔③　　　〕という。

● 二等辺三角形で，長さの等しい2辺の間の角を〔④　　　〕，頂角に対する辺を〔⑤　　　〕，底辺の両端の角を〔⑥　　　〕という。

● 3辺が**等しい**三角形を〔⑦　　　〕という。

● 1つの**内角**が直角の三角形を〔⑧　　　〕という。

● 直角三角形で，直角に対する辺を〔⑨　　　〕という。

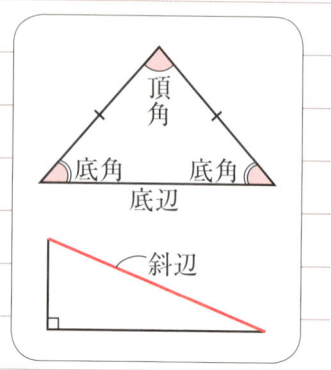

要点チェック

1　二等辺三角形の性質（定理）

・二等辺三角形の2つの〔⑩　　　〕は等しい。

・二等辺三角形の**頂角の二等分線**は，底辺を〔⑪　　　〕に2等分する。

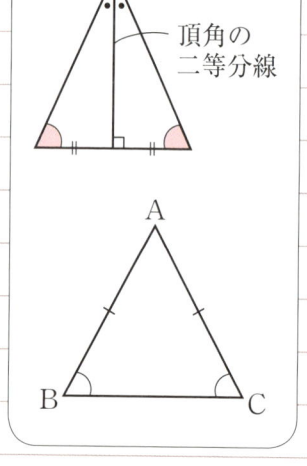

2　二等辺三角形になるための条件

・三角形の2つの角が等しければ，その三角形は，等しい2つの角を〔⑫　　　〕とする**二等辺三角形**である。右の図で，∠B＝∠C ならば，△ABC は AB＝〔⑬　　　〕の二等辺三角形である。

3　正三角形の性質（定理）

・正三角形の〔⑭　　　〕つの**内角**は等しい。

4　正三角形になるための条件

・〔⑮　　　〕つの角が等しい三角形は，**正三角形**である。右の図で，∠A＝∠B＝∠〔⑯　　　〕ならば，△ABC は正三角形である。

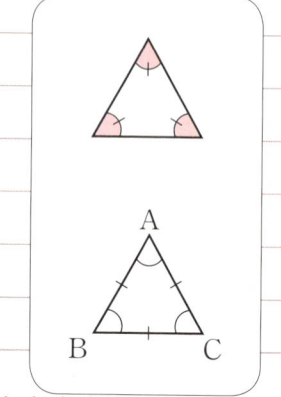

5 直角三角形の合同条件

1 斜辺と1つの〔⑰　　　〕がそれぞれ等しい。

右の図で, ∠C=∠F=90°, AB=⑱　　　←斜辺

∠B=∠⑲　　　←1つの鋭角

2 斜辺と他の〔⑳　　　〕がそれぞれ等しい。

右の図で, ∠C=∠F=90°, AB=㉑　　　←斜辺

BC=㉒　　　←他の1辺

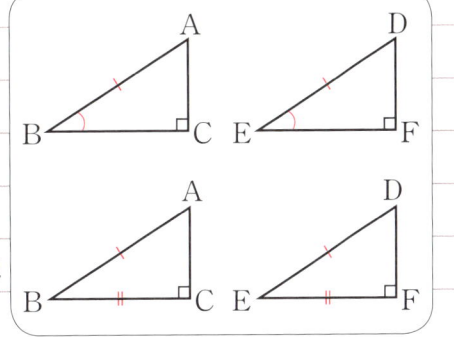

6 逆

・あることがらの仮定と**結論**を入れかえたものを, そのことがらの〔㉓　　　〕という。

●●●ならば■■■ ──逆→ ■■■ならば●●●

・正しいことの逆はいつでも〔㉔　　　〕とは限らない。

確認問題

❶ 右の図1の二等辺三角形で, 頂角は∠㉕　　　, 底角は∠B, ∠㉖　　　, 底辺は㉗　　　である。

❷ 右の図1で, ∠A=180°-50°×㉘　　　=㉙　　　°

❸ 右の図1で, ADが∠BACの二等分線であるとき, BD=㉚　　　cm

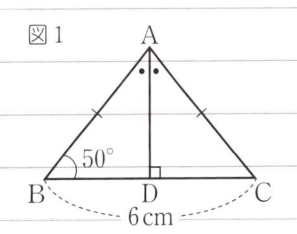

❹ 右の図2の2つの直角三角形で, AC=DF, AB=㉛　　　となるとき, 合同な直角三角形となる。

❺ 右の図2の2つの直角三角形で, AC=DF, ∠C=∠㉜　　　となるとき, 合同な直角三角形となる。

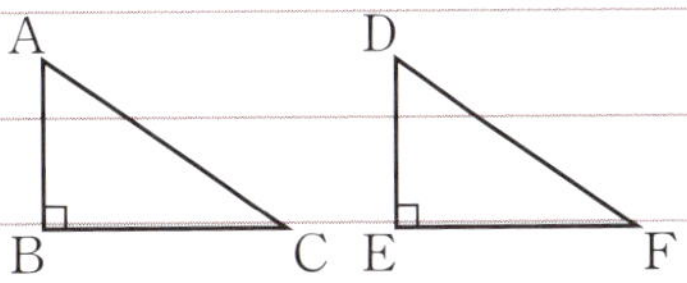

❻ 「$x<4$ ならば $x\leqq 6$」の逆は,「$x\leqq 6$ ならば ㉝　　　」である。

これは, 例えば, $x=5$ のとき $x<4$ とならないので, 逆は正しくない。

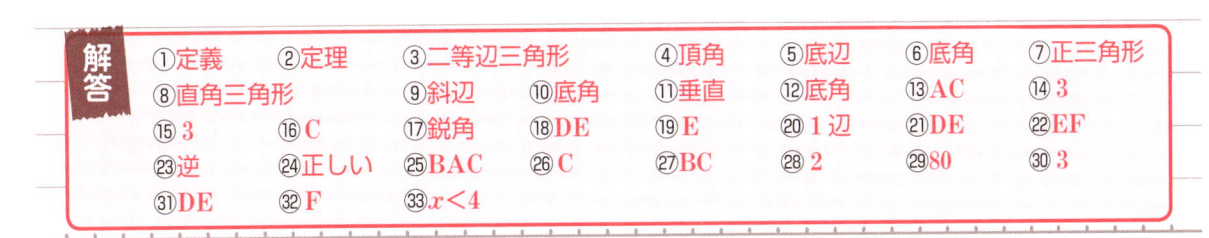

解答
①定義　②定理　③二等辺三角形　④頂角　⑤底辺　⑥底角　⑦正三角形
⑧直角三角形　⑨斜辺　⑩底角　⑪垂直　⑫底角　⑬AC　⑭3
⑮3　⑯C　⑰鋭角　⑱DE　⑲E　⑳1辺　㉑DE　㉒EF
㉓逆　㉔正しい　㉕BAC　㉖C　㉗BC　㉘2　㉙80　㉚3
㉛DE　㉜F　㉝$x<4$

基本問題

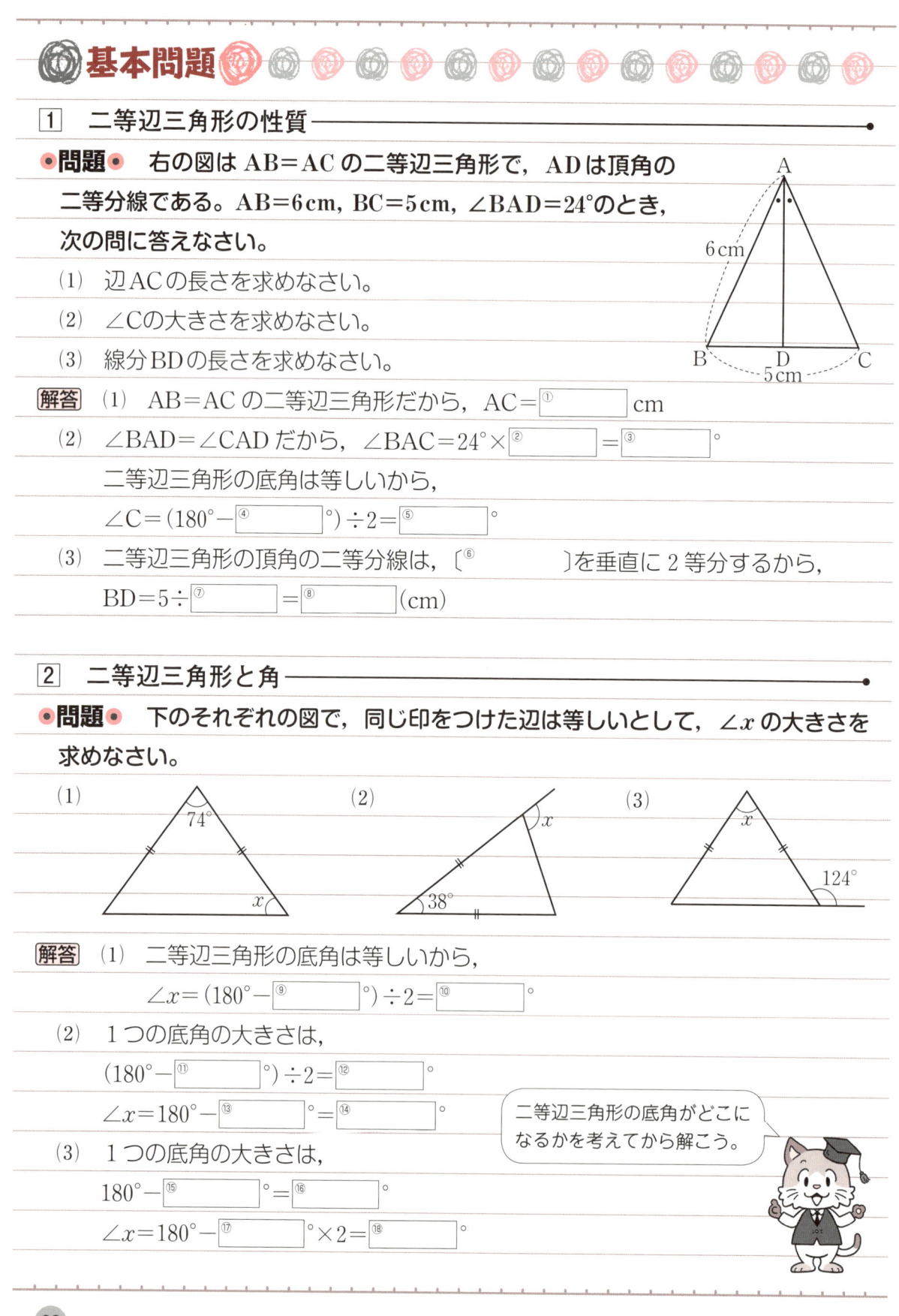

1 二等辺三角形の性質

●問題● 右の図は AB＝AC の二等辺三角形で，AD は頂角の二等分線である。AB＝6cm，BC＝5cm，∠BAD＝24°のとき，次の問に答えなさい。

(1) 辺 AC の長さを求めなさい。
(2) ∠C の大きさを求めなさい。
(3) 線分 BD の長さを求めなさい。

解答 (1) AB＝AC の二等辺三角形だから，AC＝①□ cm

(2) ∠BAD＝∠CAD だから，∠BAC＝24°×②□＝③□°

二等辺三角形の底角は等しいから，

∠C＝(180°−④□°)÷2＝⑤□°

(3) 二等辺三角形の頂角の二等分線は，〔⑥□〕を垂直に 2 等分するから，

BD＝5÷⑦□＝⑧□（cm）

2 二等辺三角形と角

●問題● 下のそれぞれの図で，同じ印をつけた辺は等しいとして，∠x の大きさを求めなさい。

(1) 74°, x
(2) x, 38°
(3) x, 124°

解答 (1) 二等辺三角形の底角は等しいから，

∠x＝(180°−⑨□°)÷2＝⑩□°

(2) 1つの底角の大きさは，

(180°−⑪□°)÷2＝⑫□°

∠x＝180°−⑬□°＝⑭□°

(3) 1つの底角の大きさは，

180°−⑮□°＝⑯□°

∠x＝180°−⑰□°×2＝⑱□°

> 二等辺三角形の底角がどこになるかを考えてから解こう。

3 直角三角形の合同条件

●問題● 右の図で，AB⊥DE，AC⊥DF，DE＝DF のとき，合同な直角三角形を1組見つけ，記号≡で表しなさい。また，そのときに使った合同条件を答えなさい。

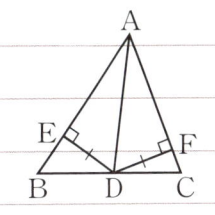

[解答] △ADE≡△⑲[ADF]

$$\begin{cases} \angle AED = \angle AFD = ⑳[90]° ← △ADE と △ADF は直角三角形 \\ ㉑[AD] は共通 ← 斜辺が等しい \\ DE = ㉒[DF] ← 他の1辺が等しい \end{cases}$$

これより，使った直角三角形の合同条件は，
「㉓[斜辺と他の1辺] がそれぞれ等しい。」である。

4 正三角形であることの証明

●問題● 右の図で，△ABC は正三角形で，AD＝BE＝CF であるとき，△DEF が正三角形であることを証明しなさい。

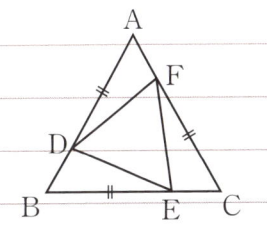

[解答] △ADF と △BED において

仮定より， AD＝㉔[BE] …①

AF＝AC－FC，BD＝AB－AD で，

△ABC は〔㉕[正三角形]〕だから，AC＝AB

仮定より，FC＝AD

よって， AF＝㉖[BD] …②

また， ∠FAD＝∠㉗[DBE]＝60°…③ ← 正三角形の内角の大きさはすべて等しい

①，②，③より，㉘[2組の辺とその間の角] がそれぞれが等しいから

△ADF≡△㉙[BED]

同様にして，△ADF≡△CFE

したがって，DF＝ED＝㉚[FE] より，△DEF は正三角形である。

解答
①6 ②2 ③48 ④48 ⑤66 ⑥底辺 ⑦2 ⑧2.5
⑨74 ⑩53 ⑪38 ⑫71 ⑬71 ⑭109 ⑮124 ⑯56
⑰56 ⑱68 ⑲ADF ⑳90 ㉑AD ㉒DF ㉓斜辺と他の1辺
㉔BE ㉕正三角形 ㉖BD ㉗DBE ㉘2組の辺とその間の角 ㉙BED ㉚FE

いまの実力を確認しよう

1 次のことがらの逆を答えなさい。また，逆が正しいかどうかも答えなさい。

(1) a と b が奇数ならば $a+b$ は偶数である。

(2) 2つの辺が等しい三角形は二等辺三角形である。

(3) 6の倍数は3の倍数である。

解答 (1) 逆は，「① ならば ② である。」

これは，例えば，$a=2$, $b=4$ のとき，$a+b=6$ で偶数となり，a, b は奇数ではないので，③ 。

(2) 逆は，「二等辺三角形は ④ である。」

また，このことは ⑤ 。

(3) 逆は，「⑥ である。」

これは，例えば，9は3の倍数であるが6の倍数ではないので，
⑦ 。

2 右の図は，AB＝AC の△ABC を，辺BA の延長上に CA＝CD となる点D をとったものである。∠ACD＝16° のとき，∠ABC の大きさを求めなさい。

解答 CA＝CD より，△CAD は〔⑧ 〕である。

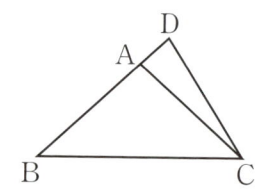

∠CAD＝∠CDA＝$(180°-$ ⑨ $°)÷2=$ ⑩ °

さらに，△ABC は AB＝AC の二等辺三角形だから，

∠CAD＝∠ABC＋∠⑪ ＝2∠ABC

よって，∠ABC＝$\dfrac{1}{2}$∠⑫

$=\dfrac{1}{2}×$ ⑬ °

＝⑭ °

3 右の図は，AD∥BC の台形ABCD で，∠CAB＝∠CBA である。対角線AC 上に AD＝CE となる点Eをとるとき，CD＝BE となることを証明しなさい。

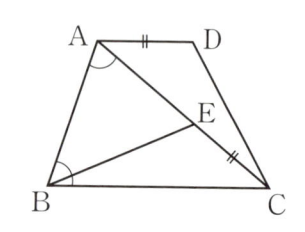

64

解答 △ACDと△CBEにおいて，

仮定より， AD＝⑮ …①

AD∥BCより，∠DAC＝∠⑯ …②

また，∠CAB＝∠CBAより，

△CABは∠ACBを頂角とする二等辺三角形だから，

AC＝⑰ …③

①，②，③より，⑱ がそれぞれ等しいから，

△ACD≡△⑲

したがって， CD＝BE

4 右の図のように，∠ABC＝90°である直角三角形ABCの辺ACを1辺とする正方形ACDEがある。点Dから辺BCの延長上に垂線DFをひく。
このとき，△ABC≡△CFDを証明しなさい。

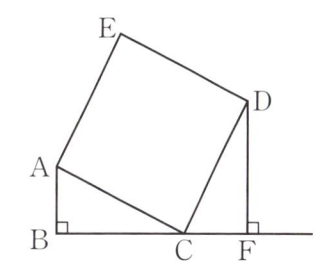

解答 △ABCと△CFDにおいて，

仮定より，∠ABC＝∠CFD＝⑳ °…①

四角形ACDEは正方形だから，

AC＝㉑ …②

△ABCにおいて，∠ACF＝∠BAC＋∠㉒

また，∠ACF＝∠FCD＋∠㉓

∠ABC＝∠ACD＝㉔ °だから，

∠BAC＝∠㉕ …③

①，②，③より，直角三角形の㉖ がそれぞれ等しいから，

△ABC≡△CFD

解答
①a＋bが偶数 ②aとbは奇数 ③正しくない ④2つの辺が等しい三角形 ⑤正しい
⑥3の倍数は6の倍数 ⑦正しくない ⑧二等辺三角形 ⑨16
⑩82 ⑪ACB ⑫CAD ⑬82 ⑭41 ⑮CE
⑯ECB ⑰CB ⑱2組の辺とその間の角 ⑲CBE ⑳90
㉑CD ㉒ABC ㉓ACD ㉔90 ㉕FCD
㉖斜辺と1つの鋭角

11 平行四辺形の性質

用語チェック

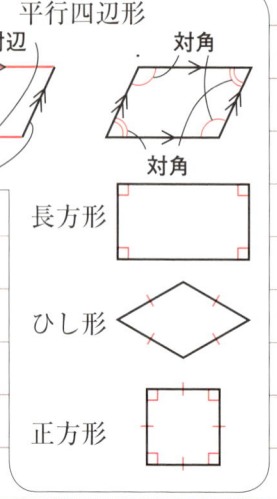

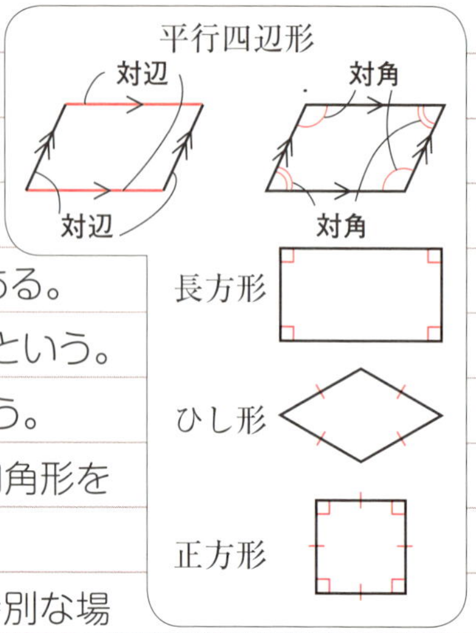

- 四角形の向かい合う辺を〔① 　　　〕，向かい合う角を〔② 　　　〕という。
- 2組の対辺がそれぞれ平行な四角形を〔③ 　　　〕という。
- 平行四辺形ABCDを〔④ 　　　〕ABCDと書くことがある。
- 4つの角がすべて直角である四角形を〔⑤ 　　　〕という。
- 4つの辺がすべて等しい四角形を〔⑥ 　　　〕という。
- 4つの角がすべて直角で，4つの辺がすべて等しい四角形を〔⑦ 　　　〕という。
- 長方形，ひし形，正方形は，〔⑧ 　　　〕の特別な場合である。

要点チェック

1 平行四辺形の性質（定理）

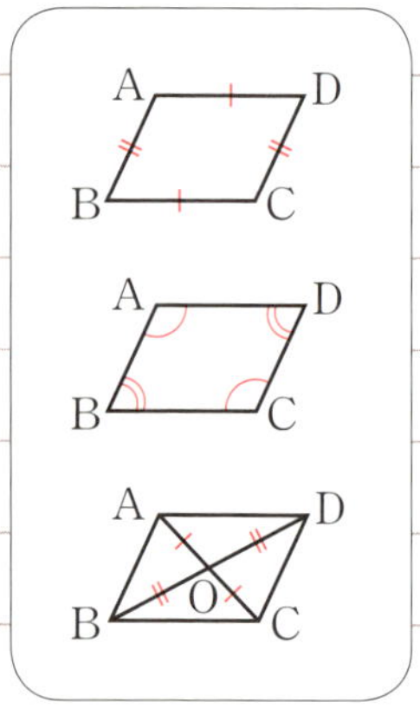

- 平行四辺形では，2組の〔⑨ 　　　〕はそれぞれ等しい。
  右の図で，AB＝DC，AD＝〔⑩ 　　〕
- 平行四辺形では，〔⑪ 　　　〕の対角はそれぞれ等しい。
  右の図で，∠A＝∠C，∠B＝∠〔⑫ 　〕
- 平行四辺形では，〔⑬ 　　　〕はそれぞれの中点で交わる。
  右の図で，OA＝OC，OB＝〔⑭ 　　〕

2 平行四辺形になるための条件

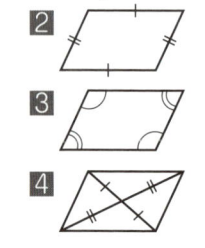

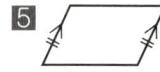

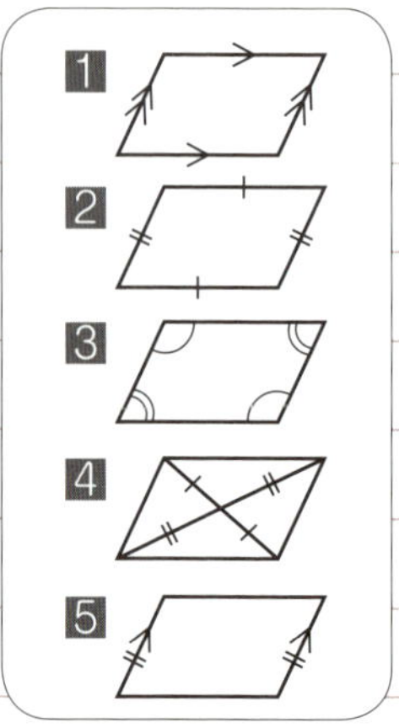

四角形では，次のどれかが成り立てば，平行四辺形である。

1. 2組の対辺がそれぞれ〔⑮ 　　　〕である。（定義）
2. 2組の〔⑯ 　　　〕がそれぞれ等しい。
3. 〔⑰ 　　　〕の対角がそれぞれ等しい。
4. 対角線がそれぞれの〔⑱ 　　　〕で交わる。
5. 1組の対辺が〔⑲ 　　　〕でその長さが等しい。

学習日：　　月　　日

③ 特別な平行四辺形の対角線

- 長方形…対角線の〔⑳　　　〕が等しい。
- ひし形…対角線は〔㉑　　　〕に交わる。
- 正方形…対角線の長さが等しく、
  〔㉒　　　〕に交わる。

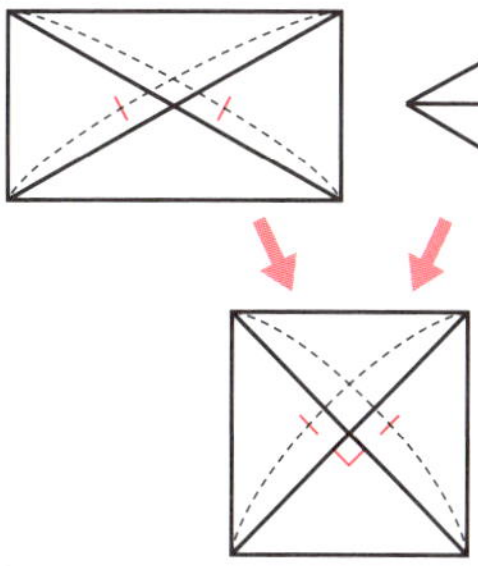

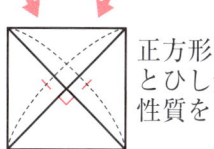

正方形は，長方形とひし形の両方の性質をもっている。

④ 平行線と面積

右の図のように，1つの直線上の2点A，Bと，その直線の同じ側にある2点P，Qについて，

- PQ∥AB ならば，△PAB＝△〔㉓　　　〕
- △PAB＝△QAB ならば，PQ∥〔㉔　　　〕

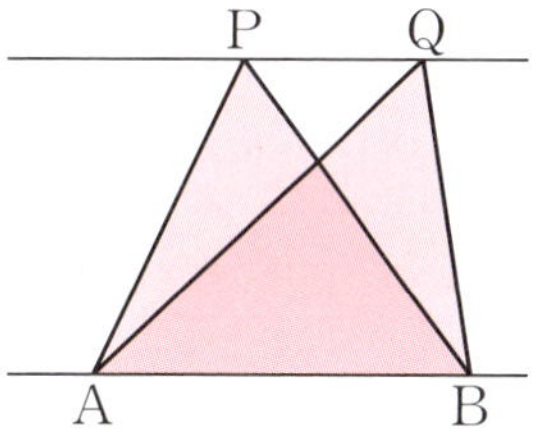

△PABや△QABのように，図形を表す記号で，図形の面積を表すこともあるよ。

確認問題

❶ 右の図1で，辺CDの対辺は辺〔㉕　　　〕である。
辺CDの長さは〔㉖　　　〕cmである。

図1　平行四辺形

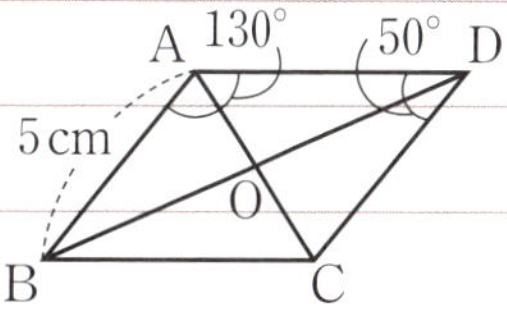

❷ 右の図1で，∠ABCの対角は∠〔㉗　　　〕である。
∠ABCの大きさは〔㉘　　　〕°である。

❸ 右の図1で，線分BOと長さの等しい線分は，
線分〔㉙　　　〕である。

❹ 右の図2の▱ABCDで，AC＝BDのときの図形は，
〔㉚　　　〕である。

図2

❺ 右の図3で，AD∥BC ならば，△ABCと面積が等しいのは△〔㉛　　　〕である。

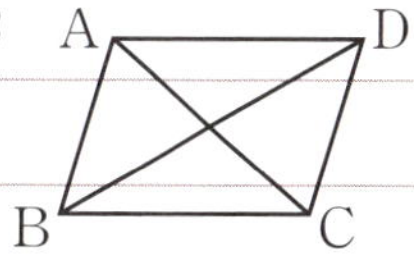

図3

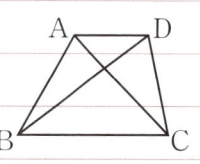

解答
①対辺　②対角　③平行四辺形　④▱　⑤長方形　⑥ひし形　⑦正方形
⑧平行四辺形　⑨対辺　⑩BC　⑪2組　⑫D　⑬対角線　⑭OD
⑮平行　⑯対辺　⑰2組　⑱中点　⑲平行　⑳長さ　㉑垂直　㉒垂直
㉓QAB　㉔AB　㉕AB　㉖5　㉗CDA　㉘50　㉙DO　㉚長方形
㉛DBC

67

基本問題

1 平行四辺形の性質

●問題● 右の図の平行四辺形で，x，yの値を求めなさい。

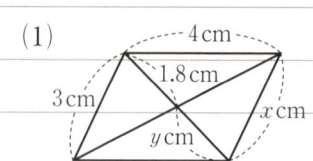

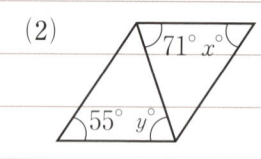

(1) 4cm, 1.8cm, 3cm, $x$cm, $y$cm

(2) 71°, x°, 55°, y°

解答 (1) 対辺はそれぞれ等しいので，$x=$ ①☐

対角線はそれぞれの中点で交わるので，$y=$ ②☐

(2) 対角はそれぞれ等しいので，$x=$ ③☐

対辺はそれぞれ平行だから，錯角は等しくなるので，$y=$ ④☐

2 三角形と平行四辺形の角

●問題● 右の図で，四角形ABCDは平行四辺形，Eは辺AD上の点で，∠ABE＝∠EBC，EC＝DCである。∠EAB＝100°のとき，∠BECの大きさを求めなさい。

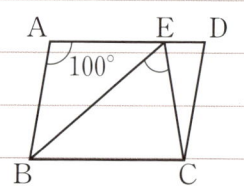

解答 平行四辺形の2組の対角はそれぞれ等しいから，

∠ABC＝∠CDE＝(360°－⑤☐°×2)÷2＝⑥☐°

EC＝DCから，∠CED＝∠CDE＝⑦☐°

また，∠ABE＝∠EBC＝⑧☐°÷2＝⑨☐°

AD∥BCだから，∠AEB＝∠EBC＝⑩☐° ←平行線の錯角は等しい

よって，∠BEC＝180°－(∠AEB＋∠CED)

＝180°－(40°＋⑪☐°)

＝⑫☐°

3 平行四辺形になるための条件

●問題● 次の四角形ABCDで，いつでも平行四辺形になるものはどれですか。すべて選びなさい。

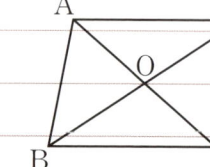

ア ∠A＝∠B，∠C＝∠D

イ AO＝CO，BO＝DO

ウ AB＝BC，AD＝DC

エ AD＝BC，AD∥BC

解答 それぞれの場合，どのような図形になるかを考える。

ア…右のような台形になる場合がある。

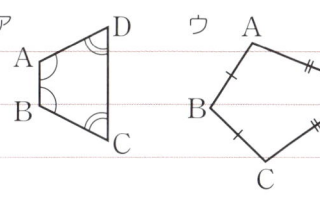

イ…対角線がそれぞれ〔⑬　　　〕で交わるので，平行四辺形になる。

ウ…右のような図になる場合がある。

エ…1組の対辺が〔⑭　　　〕で，その長さが等しいので，平行四辺形になる。

答 ⑮　 , ⑯

4 平行四辺形の性質の利用

問題 右の図のように，▱ABCDにおいて，辺BC上にAB＝AEとなるように点Eをとる。
このとき，△ABC≡△EADであることを証明しなさい。

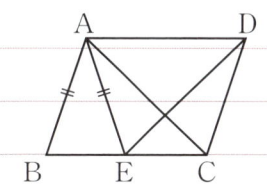

解答 △ABCと△EADにおいて，

仮定より，　　　　　　　AB＝EA…①

平行四辺形の性質より，BC＝⑰　　　…②

①より，∠ABE＝∠AEBで，AD∥⑱　　　だから，

∠ABC＝∠AEB＝∠⑲　　　…③ ←平行線の錯角は等しい

①，②，③より，⑳　　　　　　　がそれぞれ等しいから，

△ABC≡△㉑

5 平行線と面積

問題 右の図の平行四辺形ABCDで，△ABCと面積の等しい三角形をすべて答えなさい。

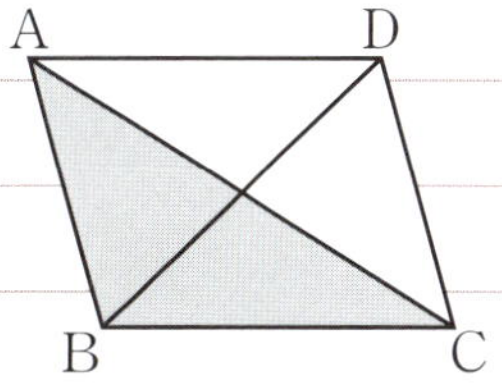

解答 底辺が共通で，高さが等しい三角形を見つける。

底辺ABが共通なので，△ABC＝△㉒

底辺BCが共通なので，△ABC＝△㉓

また，底辺ADが共通で，△ABDと△ACDは等しいから，△ABC＝△㉔

答 ㉕　 , ㉖　 , ㉗

解答
① 3　② 1.8　③ 55　④ 71　⑤ 100　⑥ 80　⑦ 80　⑧ 80
⑨ 40　⑩ 40　⑪ 80　⑫ 60　⑬ 中点　⑭ 平行　⑮ イ　⑯ エ
⑰ AD　⑱ BC　⑲ EAD　⑳ 2組の辺とその間の角　㉑ EAD　㉒ ABD
㉓ DBC　㉔ ACD　㉕ △ABD　㉖ △DBC　㉗ △ACD

69

いまの実力を確認しよう

1 右の図のような□ABCDがあり，点Eは対角線BD上の点で，AE⊥BDである。∠DBC＝23°，∠BCD＝120°であるとき，∠BAEの大きさを求めなさい。

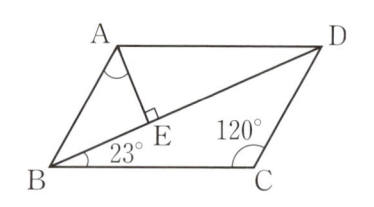

解答 △BCDで内角の和は180°だから

∠CDB＝180°－(23°＋① □°)＝② □°

平行四辺形の性質より，AB//DCだから，

平行線の〔③ □〕は等しいので∠ABE＝∠CDB＝④ □°

△ABEで内角の和は⑤ □°だから，

∠BAE＝180°－(37°＋⑥ □°)＝⑦ □°

2 右の図の□ABCDで，次の(1)，(2)のとき，どのような図形になるか答えなさい。

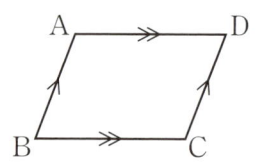

(1) ∠A＝90°　　　(2) AB＝BC

解答 (1) 平行四辺形の対角は等しいから，∠A＝∠⑧ □＝90°

これより，残りの2つの角も90°となり，〔⑨ □〕つの角がすべて90°の四角形となる。

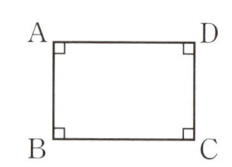

答 ⑩ □

(2) 平行四辺形の対辺は等しいから，AB＝⑪ □，

AD＝⑫ □

AB＝BCだから，〔⑬ □〕つの辺がすべて等しい四角形となる。

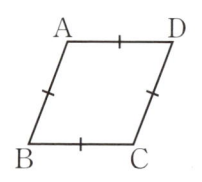

答 ⑭ □

3 右の図で，四角形ABCDは平行四辺形である。点E，Fは，辺AD，BC上の点で，AE＝CFである。線分EFと対角線BDとの交点をGとする。

このとき，EG＝FGを証明しなさい。

70

解答 △DGEと△BGFにおいて，

平行四辺形の対辺はそれぞれ平行だから，

AD∥BCで，平行線の錯角は等しいので，

∠GED＝∠⑮　　　…①

∠GDE＝∠⑯　　　…②

平行四辺形の対辺はそれぞれ等しいから，AD＝⑰　　　…③

仮定より，AE＝CF…④

DE＝DA－⑱　　　，BF＝BC－⑲

③，④より，DE＝⑳　　　…⑤

①，②，⑤より，㉑　　　　　　がそれぞれ等しいから，

△DGE≡△BGF

合同な図形の対応する辺は等しいから，EG＝FG

4 右の図のように，▱ABCDの対角線の交点をOとする。BO, DOのそれぞれ中点となるように点E, Fをとる。このとき，四角形AECFは平行四辺形になることを証明しなさい。

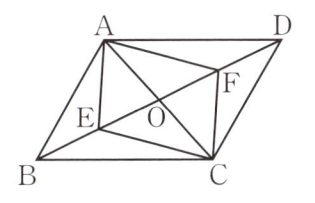

解答 平行四辺形の対角線は，それぞれの〔㉒　　　〕で交わるから，

AO＝㉓　　　…①

BO＝㉔　　　…②

仮定より，BE＝EO，DF＝㉕　　　だから，

②より，EO＝㉖　　　…③

①，③より，㉗　　　　　　　　　　　から，

四角形AECFは平行四辺形になる。

○解答

①120　②37　③錯角　④37　⑤180　⑥90
⑦53　⑧C　⑨4　⑩長方形　⑪DC　⑫BC
⑬4　⑭ひし形　⑮GFB　⑯GBF　⑰BC　⑱EA
⑲FC　⑳BF　㉑1組の辺とその両端の角
㉒中点　㉓CO　㉔DO　㉕FO　㉖FO
㉗対角線がそれぞれの中点で交わる

12 資料の活用，確率

用語チェック

通学時間	
通学時間(分)	度数(人)
以上　未満	
5 〜 10	6
10 〜 15	10
15 〜 20	5
20 〜 25	3
25 〜 30	1
合　計	25

階級　　　度数

- 右の表は，あるクラスで通学時間を調べて整理したものである。このような表を〔① 　　　〕という。
- 右の表で，資料を**整理した区間**を〔② 　　　〕といい，そこに入っている**資料の個数**を〔③ 　　　〕という。
- 各階級の度数の，全体に対する割合を〔④ 　　　〕という。
- 資料の特徴を表す代表値のうち，資料の値の合計を**度数**の合計でわった値を〔⑤ 　　　〕といい，資料の中央の値を〔⑥ 　　　〕（メジアン），度数分布表で度数の**もっとも多い階級**の真ん中の値を〔⑦ 　　　〕（モード）という。
- 測定値や四捨五入して得られた値など，**真の値**ではないが，それに**近い値**のことを〔⑧ 　　　〕という。
- 近似値を表す数字のうち，**信頼できる**数字を〔⑨ 　　　〕という。
- あることがらが起こると**期待される程度**を数で表したものを〔⑩ 　　　〕という。
- コインを投げるとき，表が出ることと裏が出ることが同じ程度に期待できる。このようなとき，どの結果が起こることも〔⑪ 　　　〕という。
- 起こりうる場合が n 通りあり，Aの起こる場合が a 通りあるとき，

  Aの起こる確率 $p = \dfrac{⑫}{⑬}$

要点チェック

1 度数分布表とヒストグラム

- 度数の**分布のようす**をグラフに表したものを〔⑭ 　　　〕（柱状グラフ）という。

  右のグラフは，上の度数分布表を表したものである。

- ヒストグラムで，おのおのの長方形の上の辺の〔⑮ 　　　〕を結んでできた折れ線を**度数折れ線**という。

- 相対度数 $= \dfrac{各階級の ⑯}{⑰}$

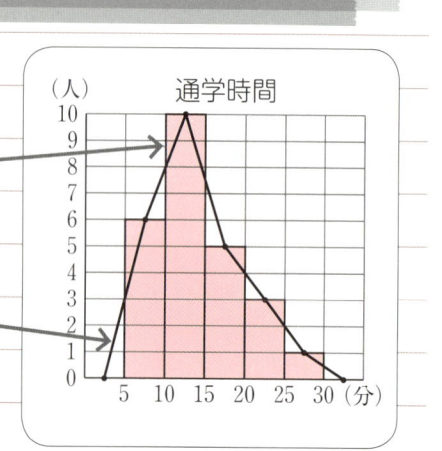

② 代表値と範囲

- 平均値＝$\dfrac{(階級値×度数)の合計}{⑱\boxed{}の合計}$　で求めることができる。

- 中央値…資料の値を〔⑲　　　〕の順に並べたときの**中央の値**。資料の総数が〔⑳　　　〕のときは，中央の2つの値の〔㉑　　　〕が中央値。

- 最頻値…度数分布表でもっとも多い〔㉒　　　〕の**中央の値**。
　　　　　　　　　　　　　　　　　　└→階級値という

- 範囲＝㉓ の値 － ㉔ の値

③ 近似値と有効数字

- 誤差＝㉕ －真の値

- 近似値を（整数部分が㉖ けたの数）×（㉗ の累乗）の形に表して，どこまでが有効数字であるかをはっきりさせることがある。

④ 確率の求め方

- 起こりうる場合が n 通り，Aの起こる場合が a 通りのとき，Aの起こる確率 $p=\dfrac{a}{n}$ で，確率 p の範囲は ㉘ $\leqq p \leqq$ ㉙

- Aの起こる確率を p とすると，Aの起こらない確率は，㉚ $-p$

確認問題

❶ P.72の度数分布表で，通学時間が9分の人は ㉛ 分以上 ㉜ 分未満の階級に入る。

❷ P.72の度数分布表で，最頻値は $\dfrac{10+15}{㉝}=$ ㉞ （分）←度数10がもっとも多い

❸ P.72の度数分布表で，中央値は ㉟ 分以上 ㊱ 分未満の階級に入る。

❹ 1つのさいころを投げるときの目の出方は，全部で ㊲ 通りある。

❺ 1つのさいころを投げるとき，1の目が出る確率は $\dfrac{㊳}{㊴}$ である。

解答
①度数分布表　②階級　③度数　④相対度数　⑤平均値　⑥中央値
⑦最頻値　⑧近似値　⑨有効数字　⑩確率　⑪同様に確からしい　⑫a
⑬n　⑭ヒストグラム　⑮中点　⑯度数　⑰度数の合計　⑱度数
⑲大きさ　⑳偶数　㉑平均値　㉒階級　㉓最大　㉔最小　㉕近似値　㉖1
㉗10　㉘0　㉙1　㉚1　㉛5　㉜10　㉝2　㉞12.5
㉟10　㊱15　㊲6　㊳1　㊴6

基本問題

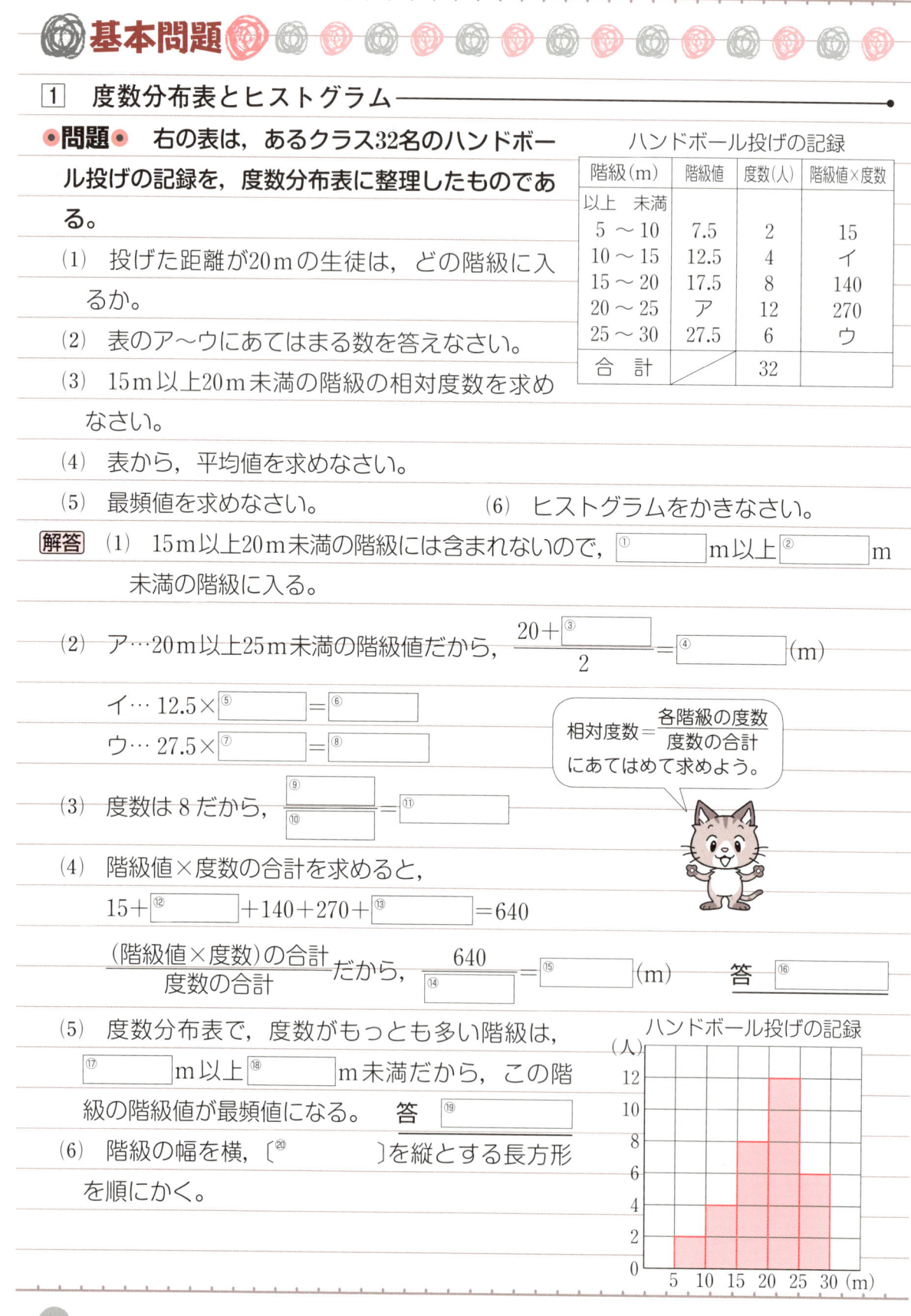

1 度数分布表とヒストグラム

問題 右の表は，あるクラス32名のハンドボール投げの記録を，度数分布表に整理したものである。

ハンドボール投げの記録

階級(m)	階級値	度数(人)	階級値×度数
以上 未満			
5 ～ 10	7.5	2	15
10 ～ 15	12.5	4	イ
15 ～ 20	17.5	8	140
20 ～ 25	ア	12	270
25 ～ 30	27.5	6	ウ
合 計		32	

(1) 投げた距離が20mの生徒は，どの階級に入るか。

(2) 表のア～ウにあてはまる数を答えなさい。

(3) 15m以上20m未満の階級の相対度数を求めなさい。

(4) 表から，平均値を求めなさい。

(5) 最頻値を求めなさい。　　(6) ヒストグラムをかきなさい。

解答 (1) 15m以上20m未満の階級には含まれないので，①□m以上 ②□m未満の階級に入る。

(2) ア…20m以上25m未満の階級値だから，$\dfrac{20+③□}{2}=$ ④□ (m)

イ…$12.5 \times$ ⑤□ $=$ ⑥□

ウ…$27.5 \times$ ⑦□ $=$ ⑧□

相対度数 = 各階級の度数／度数の合計 にあてはめて求めよう。

(3) 度数は8だから，$\dfrac{⑨□}{⑩□} = $ ⑪□

(4) 階級値×度数の合計を求めると，

$15+$ ⑫□ $+140+270+$ ⑬□ $=640$

$\dfrac{(階級値×度数)の合計}{度数の合計}$ だから，$\dfrac{640}{⑭□} = $ ⑮□ (m) 　答 ⑯□

(5) 度数分布表で，度数がもっとも多い階級は，⑰□m以上 ⑱□m未満だから，この階級の階級値が最頻値になる。　答 ⑲□

(6) 階級の幅を横，〔⑳□〕を縦とする長方形を順にかく。

ハンドボール投げの記録

74

学習日： 月 日

2 代表値

●問題● 下の資料は，生徒10名の漢字テストの得点を示したものである。

76, 84, 65, 91, 80, 73, 59, 66, 74, 89

(1) 得点の分布の範囲を求めなさい。

(2) 平均値を求めなさい。

(3) 中央値を求めなさい。

解答 (1) 最大の値から最小の値をひいた値を求めるので，

㉑□ － ㉒□ ＝ ㉓□ （点）　　　答 ㉔□

(2) 得点の合計は，76＋84＋65＋91＋80＋73＋59＋66＋74＋89＝㉕□（点）

これより，平均値は ㉖□ ÷10＝㉗□（点）　　　答 ㉘□

(3) 資料を小さい順に並べると，

5番目↓　↓6番目
59, 65, 66, 73, 74, 76, 80, 84, 89, 91
　　　　　　　└中央にある2つの値

資料の総数は10個だから，5番目と6番目の値の平均値になる。

したがって，（㉙□＋76）÷2＝㉚□（点）　　　答 ㉛□

3 近似値と有効数字

●問題● 次の問に答えなさい。

(1) ある数 a の小数第2位を四捨五入したら，5.5になった。a の値の範囲を不等号を使って表しなさい。

(2) ある長さ1560mの有効数字が1，5，6のとき，この測定値を，（整数の部分が1けたの数）×（10の累乗）の形に表しなさい。

解答 (1) 小数第2位を四捨五入して5.5になる数のうち，もっとも小さいのは ㉜□，もっとも大きいのはなく，㉝□ 未満の数である。

答 ㉞□

(2) 有効数字は1，5，6だから，0はたんに位を示しているだけである。

1560＝㉟□×1000＝㊱□×10³　　　答 ㊲□

解答
① 20　② 25　③ 25　④ 22.5　⑤ 4　⑥ 50　⑦ 6　⑧ 165
⑨ 8　⑩ 32　⑪ 0.25　⑫ 50　⑬ 165　⑭ 32　⑮ 20　⑯ 20 m
⑰ 20　⑱ 25　⑲ 22.5 m　⑳ 度数　㉑ 91　㉒ 59　㉓ 32　㉔ 32点
㉕ 757　㉖ 757　㉗ 75.7　㉘ 75.7点　㉙ 74　㉚ 75　㉛ 75点　㉜ 5.45
㉝ 5.55　㉞ 5.45≦a＜5.55　㉟ 1.56　㊱ 1.56　㊲ 1.56×10³m

資料の活用

基本問題

1 確率

●問題● 2枚の硬貨A，Bを同時に投げるとき，次の問に答えなさい。

(1) 起こりうる場合の数を求めなさい。

(2) 1枚が表で，1枚が裏になる確率を求めなさい。

解答 (1) 右のような〔①　　　〕をかいて考える。

答 ②　　　

(2) 右の樹形図より，1枚が表，1枚が裏になるのは，

③　　　通りある。よって，求める確率は，$\dfrac{④}{4}$ = ⑤

硬貨A　硬貨B

表 < 表
　　裏 ○

裏 < 表 ○
　　裏

2 カードをひく確率

●問題● 1，2，3，4の4枚のカードがある。このカードをよくきってから1枚ずつ2回続けてひき，ひいた順にカードを並べて2けたの整数をつくる。

(1) できた整数のうち，十の位が1になる確率を求めなさい。

(2) できた整数のうち，偶数になる確率を求めなさい。

解答 (1) すべての場合の数は，右の樹形図より

⑥　　　通り。

十の位が1になるのは，12, 13, 14の⑦　　　通り。

よって，求める確率は，$\dfrac{3}{⑧}$ = ⑨

十の位 一の位　十の位 一の位

1 < 2,3,4　　2 < 1,3,4

3 < 1,2,4　　4 < 1,2,3

(2) 偶数になるのは，12，14，⑩　　　，32，⑪　　　，

42の⑫　　　通り。よって，求める確率は，$\dfrac{6}{12}$ = ⑬

3 当番を選ぶ確率

●問題● A，B，C，D，Eの5人のなかから，2人の当番を選ぶとき，次の確率を求めなさい。

(1) A，Bが当番に選ばれる確率

(2) Cが当番に選ばれる確率

(3) Eが当番に選ばれない確率

解答 (1) AとBが選ばれることも，BとAが選ばれることも同じであることに注意する。当番になる人の組み合わせをすべてあげると，

{A, B}, {A, C}, {A, D}, {A, E}, {B, C},
{B, D}, {B, ⑭____}, {C, ⑮____}, {C, E},
{D, ⑯____}の⑰____通り。

そのうち，A, Bが選ばれる場合は⑱____通り。

よって，求める確率は，⑲____

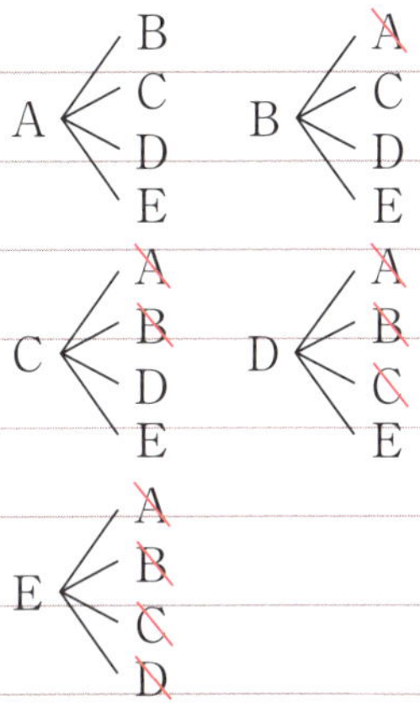

(2) Cが選ばれるのは，右の樹形図より⑳____通り。

よって，求める確率は，$\dfrac{4}{㉑}$ = ㉒____

(3) (Eが選ばれない確率)＝1－(Eが選ばれる確率)より，Eが選ばれる確率は $\dfrac{㉓}{5}$ だから，$1 - \dfrac{㉔}{5} =$ ㉕____

4 2つのさいころを投げる確率

●**問題**● 大小2つのさいころを同時に投げるとき，次の確率を求めなさい。

(1) 出た目の数の和が4となる確率
(2) 出た目の数の積が20以上となる確率

解答 (1) さいころの目の出方を，右のような表を書いて考えると全部で㉖____通り。(大, 小)を表す

出た目の数の和が4になるのは，(1, 3)，(2, 2)，(3, ㉗____)の㉘____通り。

よって，求める確率は，$\dfrac{㉙}{36}$ = ㉚____

大\小	1	2	3	4	5	6
1	1,1	1,2	1,3	1,4	1,5	1,6
2	2,1	2,2	2,3	2,4	2,5	2,6
3	3,1	3,2	3,3	3,4	3,5	3,6
4	4,1	4,2	4,3	4,4	4,5	4,6
5	5,1	5,2	5,3	5,4	5,5	5,6
6	6,1	6,2	6,3	6,4	6,5	6,6

(2) 出た目の数の積が20以上になるのは，右の表より㉛____通りだから，求める確率は $\dfrac{㉜}{36}$ = ㉝____

解答 ①樹形図 ②4通り ③2 ④2 ⑤$\dfrac{1}{2}$ ⑥12 ⑦3 ⑧12 ⑨$\dfrac{1}{4}$ ⑩24
⑪34 ⑫6 ⑬$\dfrac{1}{2}$ ⑭E ⑮D ⑯E ⑰10 ⑱1 ⑲$\dfrac{1}{10}$ ⑳4 ㉑10 ㉒$\dfrac{2}{5}$
㉓2 ㉔2 ㉕$\dfrac{3}{5}$ ㉖36 ㉗1 ㉘3 ㉙3 ㉚$\dfrac{1}{12}$ ㉛8 ㉜8 ㉝$\dfrac{2}{9}$

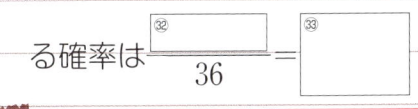

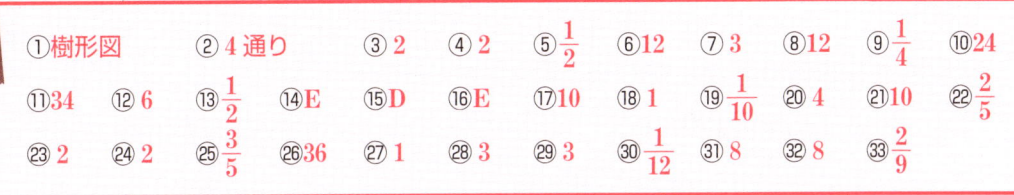

いまの実力を確認しよう

1 右の表は，3年生男子の体重測定の記録を，度数分布表に整理したものである。

(1) 体重が60kg以上の階級の度数を答えなさい。
(2) 55kg以上60kg未満の階級の相対度数を求めなさい。
(3) 中央値はどの階級に含まれるか。
(4) 最頻値を求めなさい。

3年生男子の体重

階級(kg)	度数(人)
以上　未満	
30 〜 35	2
35 〜 40	3
40 〜 45	5
45 〜 50	8
50 〜 55	12
55 〜 60	6
60 〜 65	3
65 〜 70	1
合　計	40

[解答] (1) 60kg以上65kg未満の階級の度数と65kg以上70kg未満の階級の度数を合わせたものだから，

3＋① □ ＝② □　　答 ③ □

(2) 55kg以上60kg未満の階級の度数は④ □ だから，

$$\frac{⑤ □}{40} = ⑥ □$$

(3) 資料の総数は40個だから，中央値は小さいほうから20人目と⑦ □ 人目の値の平均値となる。20人目と21人目が含まれる階級をみつける。

答 ⑧ □ 以上 ⑨ □ 未満

(4) 度数がもっとも多い階級は，⑩ □ kg以上 ⑪ □ kg未満だから，この階級の階級値を求める。$\frac{50+⑫ □}{2} = ⑬ □$ (kg)　　答 ⑭ □

2 右の図は，あるクラスで1か月に読んだ本の冊数を調べて，ヒストグラムに表したものである。

(1) 平均値を求めなさい。ただし，四捨五入して小数第1位まで求めなさい。
(2) 中央値，最頻値をそれぞれ求めなさい。

[解答] (1) (冊数×度数)の合計は，

0×2＋1×⑮ □ ＋2×7＋⑯ □ ×10＋4×5＋5×⑰ □ ＝⑱ □

クラスの人数は，2＋⑲ □ ＋7＋10＋⑳ □ ＋1＝㉑ □ (人)

これより，平均値は㉒ □ ÷㉓ □ ＝2.33…(冊)　　答 ㉔ □

(2) クラスの人数は33人で，奇数だから，中央値は少ないほうから㉕ □ 人目が含まれる冊数を考える。

また，最頻値は度数のもっとも多い10人のところの冊数を考える。

答　中央値…㉖ □ ，最頻値…㉗ □

3 赤玉3個と青玉2個が入った袋がある。この袋から同時に2個の玉を取り出すとき，次の確率を求めなさい。

(1) 2個とも赤玉である確率　　(2) 少なくとも1個は赤玉である確率

解答 (1) 赤玉3個を①，②，③，青玉2個を❹，❺として樹形図に表すと，下のようになり，取り出し方は全部で ㉘_____ 通り。このうち，2個とも赤玉であるのは ㉙_____ 通り。

よって，求める確率は，㉚_____

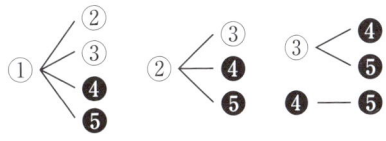

(2) 少なくとも1個は赤玉ということは，2個とも青玉にならないということと同じ。2個とも青玉になるのは ㉛_____ 通りだから，

求める確率は，㉜_____ − $\dfrac{㉝}{10}$ = ㉞_____ ←（Aの起こらない確率）=1−（Aの起こる確率）

4 2つのさいころA，Bを同時に投げるとき，次の確率を求めなさい。

(1) 出た目の数の積が奇数となる確率
(2) さいころBの出た目の数がさいころAの出た目の数の約数となる確率

解答 (1) 2つのさいころの目の出方は全部で ㉟_____ 通り。

目の出方を(A, B)と表すと，出た目の数の積が奇数となるのは，(1, 1)，(1, 3)，(1, 5)，(3, 1)，(3, ㊱___)，(3, 5)，(5, 1)，(5, ㊲___)，(5, 5)の ㊳___ 通り。

よって，求める確率は，$\dfrac{㊴}{36}$ = ㊵_____

(2) 目の出方は，(1, 1)，(2, 1)，(2, 2)，(3, 1)，(3, ㊶___)，(4, 1)，(4, ㊷___)，(4, 4)，(5, 1)，(5, 5)，(6, 1)，(6, ㊸___)，(6, 3)，(6, 6)の ㊹___ 通りだから，求める確率は，$\dfrac{㊺}{36}$ = ㊻_____

B\A	1	2	3	4	5	6
1	1,1	1,2	1,3	1,4	1,5	1,6
2	2,1	2,2	2,3	2,4	2,5	2,6
3	3,1	3,2	3,3	3,4	3,5	3,6
4	4,1	4,2	4,3	4,4	4,5	4,6
5	5,1	5,2	5,3	5,4	5,5	5,6
6	6,1	6,2	6,3	6,4	6,5	6,6

◯解答

① 1　② 4　③ 4人　④ 6　⑤ 6　⑥ 0.15　⑦ 21　⑧ 50 kg　⑨ 55 kg　⑩ 50
⑪ 55　⑫ 55　⑬ 52.5　⑭ 52.5 kg　⑮ 8　⑯ 3　⑰ 1　⑱ 77　⑲ 8　⑳ 5
㉑ 33　㉒ 77　㉓ 33　㉔ 2.3冊　㉕ 17　㉖ 2冊　㉗ 3冊　㉘ 10　㉙ 3　㉚ $\dfrac{3}{10}$
㉛ 1　㉜ 1　㉝ 1　㉞ $\dfrac{9}{10}$　㉟ 36　㊱ 3　㊲ 3　㊳ 9　㊴ 9　㊵ $\dfrac{1}{4}$
㊶ 3　㊷ 2　㊸ 2　㊹ 14　㊺ 14　㊻ $\dfrac{7}{18}$

覚えておきたい公式

〈関数の式〉
- 比例の式　$y = ax$
- 反比例の式　$y = \dfrac{a}{x}$
- 1次関数の式　$y = ax + b$

〈おうぎ形〉
- 弧の長さ
$$\ell = 2\pi r \times \dfrac{a}{360}$$
- 面積
$$S = \pi r^2 \times \dfrac{a}{360}$$
$$= \dfrac{1}{2}\ell r$$

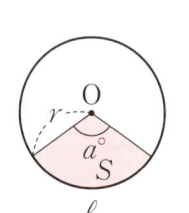

〈立体の体積，表面積〉
- 角柱，円柱の体積
$$V = Sh$$
- 角錐，円錐の体積 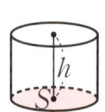
$$V = \dfrac{1}{3}Sh$$
- 球の体積 
$$V = \dfrac{4}{3}\pi r^3$$
- 球の表面積 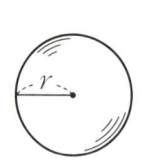
$$S = 4\pi r^2$$

〈平行線と角〉
- $\angle a = \angle b$（対頂角）
- $\ell \mathbin{/\mkern-5mu/} m$ のとき
　$\angle a = \angle c$（同位角）
　$\angle b = \angle c$（錯角）

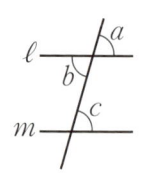

〈三角形の合同条件〉
1. 3組の辺がそれぞれ等しい。 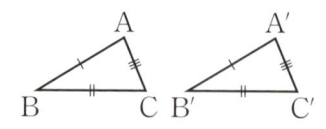
2. 2組の辺とその間の角がそれぞれ等しい。 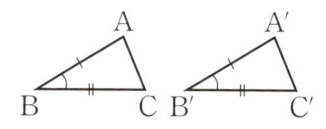
3. 1組の辺とその両端の角がそれぞれ等しい。

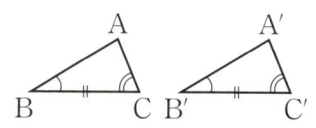

〈直角三角形の合同条件〉
1. 斜辺と1つの鋭角がそれぞれ等しい。 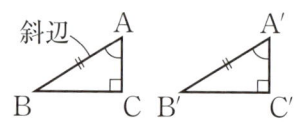
2. 斜辺と他の1辺がそれぞれ等しい。

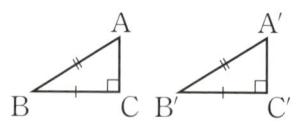

〈確率の求め方〉
起こりうる場合が全部で n 通りあり，ことがらAの起こる場合が a 通りあるとき，Aの起こる確率 p は
$$p = \dfrac{a}{n}$$